Geometrische Aufgaben

und Übungen

für höhere Lehranstalten

aus

Mehlers Hauptsätzen der Elementar-Mathematik

(Ausgabe B)

bearbeitet von

Oberstudiendirektor Schulte-Tigges

Unterstufe

Mit 2 Tafeln

Berlin und Leipzig 1923

Verlag von Walter de Gruyter & Co.

vormals G. J. Göschen'sche Verlagshandlung · J. Guttentag, Verlagsbuchhandlung · Georg Reimer · Karl J. Trübner · Veit & Comp.

Druck von Walter de Gruyter & Co., Berlin W. 10

Inhalt.

Erster Teil: Planimetrie.

Einleitung.

§ 1. Körper, Flächen, Kanten, Ecken.

A. Übungen: 1. Gib bei verschiedenen Körpern die Zahl und Art der Grenzflächen an.

2. Denke dir bei diesen Körpern Flächen aus, durch die sie in Teile zerlegt werden, und untersuche die Teilkörper.

Als **Beispiele** können dienen: Rechtkant, Würfel, (vierseitige) Pyramide, Zylinder (Walze), Kegel, Kugel, sowie Gegenstände, die im Schulzimmer vorhanden oder allgemein bekannt sind.

B. Übungen: **1.** Gib bei den schon untersuchten Körpern die Zahl und Art der Kanten an.

2. Denke dir Linien aus, durch die jene Flächen zerlegt werden, und untersuche die Teilflächen.

C. Übungen: Untersuche die Ecken der betrachteten Körper auf Anzahl und Beschaffenheit.

§ 2. Gerade, Strahl, Strecke.

A. Übungen: Zeichne eine Gerade, einen Strahl, eine Strecke, eine gebrochene, eine krumme Linie und versieh sie mit der üblichen Bezeichnung.

B. Übungen: **1.** Zeichne Strecken von beliebiger Länge (erst kürzere, dann längere, schätze (nach genauer Einprägung der Länge von 1 cm) ihre Länge, miß sie alsdann mit dem Maßstab und stelle den Schätzungsfehler fest.

2. Schätze vorgelegte Strecken (z. B. Strecken an den untersuchten Körpern oder an Figuren dieses Buches) und verfahre wie zu 1.

3. Mache dieselben Versuche mit Strecken im Schulzimmer, auf dem Schulhof und im Freien (nach Einprägung der Längen von 1 m, 10 m, 100 m). Messung mit Maßstab, Meßband, Meßkette oder auf dem Meßtischblatt.

4. Zeichne Strecken von vorgeschriebener Länge, zuerst nach Augenmaß, dann mit dem Maßstab und stelle den Fehler fest.

5. Gib Strecken von vorgeschriebener Länge im Schulzimmer, auf dem Schulhof und im Freien an und prüfe die Angaben.

Stelle die Ergebnisse solcher Übungen in nachstehenden Tabellen zusammen:

Zu schätzender Gegenstand	geschätzt	gemessen	zu viel geschätzt +	zu wenig geschätzt -

Zu zeichnender Gegenstand	geforderte Größe	gezeichnet und gemessen	zu groß gezeichnet +	zu klein gezeichnet -

§ 3. Figuren, Diagonalen.

A. Übungen: 1. Suche Figuren an den betrachteten Körpern auf und gib ihre nähere Beschaffenheit an.

2. Zeichne die Figuren ab, indem du die betreffende Fläche des Körpers auf das Papier legst und mit einem recht spitzen Bleistift vorsichtig herumfährst *).

3. Ziehe in den Figuren Diagonalen und untersuche die Teilfiguren.

4. Wieviel Gerade lassen sich durch 5 (6) Punkte legen, von denen nicht 3 in einer Geraden liegen? Wieviel aber, wenn 3 von den Punkten in einer Geraden liegen?

5. Wieviel Diagonalen lassen sich in einem 5-(6-)Eck ziehen?

6. In wieviel Punkten schneiden sich 4 (5) gerade Linien, wenn jede alle andern schneidet und nirgends mehr als 2 sich in einem Punkt treffen? In wieviel Punkten aber, wenn 3 der Geraden sich in einem Punkt schneiden?

7. Betrachte eine Reihe von den in Aufgabe 6 entstandenen Figuren.

B. Übungen: 1. Stelle zwei kongruente Figuren dadurch her, daß du sie aus doppelt übereinander gelegtem Papier ausschneidest, und bezeichne die gleichliegenden Ecken mit A und A', B und B' usw.

2. Lege die ausgeschnittenen Figuren auf den Tisch und zeige, daß man je nach ihrer Lage die Deckung durch Bewegung in der Ebene des Tisches herbeiführen kann oder erst nach vorhergehender Umwendung der einen Figur aus der Tischebene heraus.

§ 4. Addition usw. von Strecken und Figuren.

A. Übungen: 1. Führe Additionen von Strecken an den gemessenen und gezeichneten Strecken aus, im letzteren Fall unter Benutzung eines Papierstreifens (Meßstreifens).

*) Falls die Modelle in geeigneter Größe und in genügender Zahl vorhanden sind, andernfalls nach Vorzeichnungen an der Wandtafel.

2. Verlängere eine Strecke a um eine zweite b, zuerst nach Augenmaß, dann genau und prüfe den Fehler.

3. Zeichne zu zwei gegebenen Strecken a und b eine dritte Strecke c, so daß $c = a + b$ ist, zuerst nach Augenmaß, dann genau und prüfe.

4. Betrachte größere Figuren in Übung 6 zu § 3 als aus kleineren zusammengesetzt, so daß sie als deren Summe erscheinen.

B. Übungen: 1. Führe Subtraktionen an den gemessenen oder gezeichneten Strecken aus.

2. Verkürze eine Strecke a um eine zweite b, zuerst nach Augenmaß, dann genau und prüfe.

3. Zeichne zu zwei gegebenen Strecken a und b eine dritte Strecke c, so daß $c = a - b$ ist, zuerst nach Augenmaß, dann genau und prüfe.

4. Betrachte Figuren in Übung 6 zu § 3 als Differenz anderer Figuren.

C. Übungen: 1. Bestimme in dieser Weise den Umfang des Quadrats.

2. Verlängere eine Strecke so weit, daß sie 2 (3, 4) mal so groß wird, zuerst nach Augenmaß, dann genau und prüfe.

3. Zeichne zu einer gegebenen Strecke a eine zweite b, so daß $b = 2a$ ($3a$, $4a$, $5a$) ist, zuerst nach Augenmaß, dann genau und prüfe.

4. Zeichne ein Quadratdezimeter mit eingezeichneten Quadratzentimetern und führe darin Multiplikationen von Flächen aus.

D. Übungen: 1. Bestimme aus dem Umfang eines Quadrats seine Seite (zeichnerisch zunächst durch Ausprobieren mit einem Meßstreifen).

2. Bestimme aus dem Umfang eines Rechtecks und der einen Seite die andere.

3. Teile eine Strecke nach Augenmaß in 2 (3, 4, 5) gleiche Teile und stelle durch Nachmessen die Fehler fest.

4. Zeichne zu einer gegebenen Strecke a nach Augenmaß eine zweite b, so daß $b = \frac{1}{2} a$ ($\frac{1}{3} a$, $\frac{1}{4} a$, $\frac{1}{5} a$) ist, und stelle durch Nachmessen den Fehler fest.

5. Führe in der Figur zur Übung C 4 Divisionen von Flächen aus.

§ 5. Gerade Linien im Raum.

A. Übungen: 1. Suche wagerechte, senkrechte und schief stehende Geraden an den betrachteten Körpern und im Schulzimmer auf, und zwar nicht bloß sichtbare, sondern auch gedachte.

2. Wie prüft man senkrecht stehende Geraden mit einem Senklot und wagerecht liegende mit Setzwage oder Wasserwage?

B. Übungen: 1. Wie kann man die Güte eines Lineals prüfen dem Grundsatz gemäß, daß durch zwei Punkte sich nur eine Gerade legen läßt?

2. Gib windschiefe Geraden an den untersuchten Körpern und an Gegenständen des Schulzimmers an und zeige bei nicht windschiefen Geraden die Ebene, in der sie liegen.

Erster Abschnitt.

Von den Winkeln.

A. Drehung einer Strecke um einen der beiden Endpunkte.

§ 6. Kreise, Kreisbogen, Bogengrade.

A. Übungen: Zeichne mit Hilfe des Zirkels Kreise, deren Halbmesser eine vorgeschriebene Länge haben; zeichne und miß alsdann den Abstand beliebiger Punkte der Ebene vom Mittelpunkt.

B. Übungen: Zeichne Kreisbogen einzeln oder als Teile von ganzen Kreisen, auch, so gut es geht, Halb- und Viertelkreise. Wie kann man Halbkreise genau zeichnen?

C. Übungen: **1.** Schätze die Länge der in B gezeichneten Bogen (nach Ergänzung zu einem vollen Kreise durch Vergleichen mit dem letzteren) in Bogengraden.

2. Wieviel Bogenminuten oder Bogensekunden enthält der volle Kreis, der Halb- und Viertelkreis?

3. Wieviel Bogengrade liegen zwischen den aufeinander folgenden Teilstrichen am Umfang des Uhrzifferblattes?

4. Wieviel Bogengrade beschreibt die Spitze des Stundenzeigers in 12, 6, 3, 9, 1, 2, 5, $\frac{1}{2}$, $9\frac{1}{2}$ Stunden, in 1, 2, 4 Tagen?

5. Wieviel Bogengrade beschreibt die Spitze des Minutenzeigers in 60, 30, 45, 15, 1, 2, 6, $\frac{1}{2}$, $5\frac{1}{2}$ Minuten, in $1\frac{1}{2}$, 2, 5 Stunden?

6. Vergleiche die Bogengrade, die die Spitze des Stundenzeigers beschreibt, mit den Bogengraden, die ein anderer Punkt des Stundenzeigers gleichzeitig beschreibt, nach Zahl und Größe.

B. Drehung eines Strahls um seinen Endpunkt.

§ 7. Winkel, Winkelgrade.

A. Übungen: Gib an den früher untersuchten Figuren Winkel in den richtigen Bezeichnungen an.

B. Übungen: **1.** Miß die früher gezeichneten Winkel mit dem Winkelmesser (Transporteur) und zeichne Winkel in vorgeschriebener Größe.

1a. Schätze vorgelegte Winkel nach Augenmaß, miß sie alsdann mit dem Winkelmesser und stelle den Schätzungsfehler fest.

1b. Zeichne Winkel von vorgeschriebener Größe zunächst nach Augenmaß, dann mit dem Winkelmesser und stelle den Fehler fest.

2. Was für Winkel legt der Stundenzeiger einer Uhr in 1, 3, $\frac{1}{2}$, $4\frac{1}{2}$, 9, 12 Stunden zurück, ferner in 15, 3, 5, 1, 2, 6, 12 Minuten?

3. Was für Winkel beschreibt der Minutenzeiger einer Uhr in 1, 2, 5, 8, 10, 15, 25, 30, 40, 45, 60 Minuten?

4. Welchen Winkel bilden Stunden- und Minutenzeiger um 6, 8, $9\frac{1}{2}$, 10, $11\frac{1}{2}$ Uhr vormittags und um $1\frac{1}{2}$, 3, 6, $8\frac{1}{2}$ Uhr nachmittags? Die Stellung der Zeiger ist zu zeichnen.

5. Welchen Winkel bilden Stunden- und Minutenzeiger miteinander um 7^{15}, 2^{45}, 4^{28}, 12^{16}, 11^{58}?

Anleitung. Bestimme die Winkel, die der Stunden- und der Minutenzeiger beschrieben haben, seitdem sie zuletzt senkrecht nach oben zeigten; dann ergibt sich der gesuchte Winkel durch Subtraktion.

6. Zeichne eine Windrose und beantworte folgende Fragen: Welchen Winkel beschreibt die Wetterfahne, wenn sie sich a) von N nach NO, b) von W über N nach NNO, c) von S über O nach ONO, d) von SO über O nach NNW, e) von OSO über S nach SW dreht?

§ 8. Winkelarten, Addition usw. von Winkeln.

A. Übungen: 1. Zeichne einen vollen, gestreckten, rechten Winkel, spitze, stumpfe, überstumpfe Winkel.

2. Ordne die früher gezeichneten und gemessenen Winkel den einzelnen Arten zu.

B. Übungen: 1. Führe Additionen und Subtraktionen von Winkeln aus nach Augenmaß und mit Benutzung des Winkelmessers.

2. Bestimme insbesondere die Summe der Winkel in den gezeichneten Figuren.

3. Führe Multiplikationen und Divisionen von Winkeln aus, gleichfalls nach Augenmaß und unter Benutzung des Winkelmessers.

4. Wie groß ist das Supplement folgender Winkel: 18°; 63°; 138°; 24° 36′; 146° 19′ 22″.

5. Wie groß ist das Komplement folgender Winkel: 27°; 56°; 19° 42′; 42° 57′ 23″.

6. Was für ein Winkel ist das Supplement eines stumpfen, rechten, spitzen Winkels?

7. Was gilt von den Supplementen gleicher Winkel, was von den Komplementen gleicher Winkel?

8. Was für Supplemente (Komplemente) haben zwei ungleiche Winkel, insbesondere der größere von beiden?

9. Was für einen Winkel schließen die Lote ein, die auf den Schenkeln eines Winkels α im Scheitel nach derselben Seite errichtet sind?

10. Was für einen Winkel bilden die Schenkel eines Winkels α, wenn man sie um den Scheitel nach derselben Richtung gleich weit dreht?

C. Drehung einer Geraden um einen ihrer Punkte.

§ 9. Übungen: 1. Wie beschaffen ist der Nebenwinkel eines spitzen, eines stumpfen und eines rechten Winkels?

1*. Weshalb kann man sagen, daß von der Größe eines Winkels die Größe des Nebenwinkels „abhängig" ist? Stelle die Abhängigkeit durch Ausfüllung nachfolgender Tabelle dar:

Winkel $\alpha =$	10°	20°	30°	. . . .
Nebenw. $\beta = 180° - \alpha =$	170°	160°	150°	. . . .

2. Was für Nebenwinkel haben zwei ungleiche Winkel?

3. Was ist von zwei Nebenwinkeln auszusagen, die gleich groß sind? Wie kann man mit Hilfe des Nebenwinkels prüfen, ob ein Zeichendreieck an seinem rechten Winkel gut gearbeitet ist?

4. Wieviel Paare von Nebenwinkeln und Scheitelwinkeln entstehen an zwei sich schneidenden Geraden?

5. Welche Lage haben die Halbierungslinien a) zweier Nebenwinkel, b) zweier Scheitelwinkel zueinander?

6. Wie zerlegt das Lot, das man auf der Halbierungslinie eines Winkels im Scheitel errichtet, dessen Nebenwinkel?

7. Wie zerlegt die Halbierungslinie eines Winkels verlängert den Scheitelwinkel?

D. Verschiebung einer Geraden; von den Winkeln an Parallelen.

§ 10. Winkel an Parallelen.

A. Übung: Suche Scheitelwinkel, Nebenwinkel, Gegenwinkel, Wechselwinkel und Ergänzungswinkel in den folgenden Buchstaben auf:

AEFHILNTXZ

B. Übungen: 1. Auf dem Lehrsatz, daß zwei Gerade parallel sind, wenn zwei Gegenwinkel gleich sind, beruht ein einfaches Verfahren, mit Hilfe eines Lineals und eines Dreiecks eine Parallele zu ziehen.

2. Ziehe auf Grund desselben Lehrsatzes oder des entsprechenden Lehrsatzes von den Wechselwinkeln zu einer gegebenen Geraden durch einen gegebenen Punkt die Parallele unter Benutzung eines Winkelmessers.

§ 11. Übungen: 1. Alle Lote auf einer Geraden sind parallel.

2. Steht eine Gerade auf einer von zwei Parallelen senkrecht, so steht sie auch auf der andern senkrecht.

3. Zwei Gerade, die derselben dritten parallel sind, sind auch einander parallel.

4. Was gilt von den Halbierungslinen a) zweier Gegenwinkel, b) zweier Wechselwinkel an Parallelen?

5. Welchen Winkel bildet das auf dem einen Schenkel eines Winkels im Scheitel errichtete Lot mit irgend einem Lot auf dem andern Schenkel? (Verschiebe das letztere, bis es auch durch den Scheitel geht.)

6. Welchen Winkel bilden zwei Lote miteinander, die irgendwo auf den Schenkeln eines Winkels errichtet sind? (Verschiebe beide, bis sie durch den Scheitel gehen.)

7. Welchen Winkel bilden die Schenkel eines Winkels miteinander, wenn beide um einen und denselben Winkel in demselben Sinne gedreht werden, und zwar der eine Schenkel um den Scheitel, der andere um einen beliebigen seiner Punkte? (Drehe den letzteren Schenkel auch um den Scheitel und berücksichtige § 8 B 10.)

8. Beantworte dieselbe Frage, wenn beide Schenkel um beliebige Punkte gedreht werden.

9. Zieht man in einem Dreieck zu einer Seite eine Parallele, so hat das abgeschnittene Dreieck mit dem ursprünglichen gleiche Winkel.

10. Stimmen zwei Dreiecke in den Winkeln überein und laufen zwei entsprechende Seiten parallel, so laufen auch die andern paarweise parallel, falls die gleichen Winkel in beiden Dreiecken in demselben Sinne aufeinander folgen.

11. Welche Lage erhalten zwei Parallelen, wenn man beide um einen und denselben Winkel in demselben Sinne dreht?

12. Untersuche die Winkel in den nachstehenden Figuren:

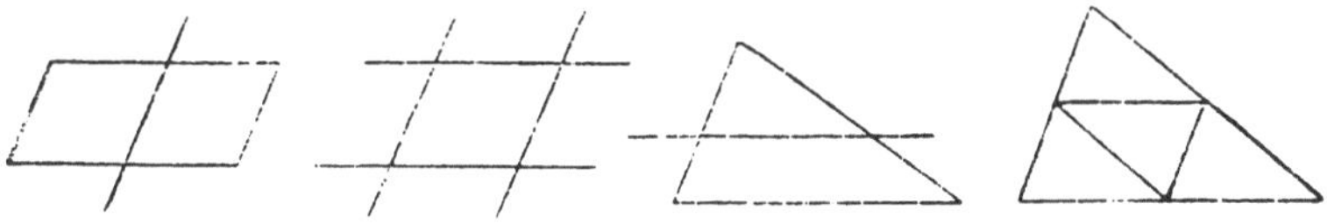

a *b* *c* *d*

13. Suche im Schulzimmer Winkel an Parallelen und Winkel mit parallelen Schenkeln auf.

E. Von den Winkeln der ebenen Figuren.

§ 12. Übungen: 1. In einem Dreieck ist $\alpha = 48^\circ 14'$, $\beta = 114^\circ 43'$; wie groß ist γ?

2. In einem Dreieck sind α und γ zusammen so groß wie β; wie beschaffen ist das Dreieck?

3. In einem Dreieck ist α doppelt und β dreimal so groß als γ; die Winkel zu berechnen.

4. In einem Dreieck ist $\sphericalangle \gamma$ bekannt. Den Winkel zwischen den Halbierungslinien der beiden anderen Winkel zu berechnen. Beispiel: a) $\gamma = 78^\circ\ 16'\ 45''$, b) $\gamma = 90^\circ$.

5. In einem Dreieck ist ein Winkel 58° und ein nicht anliegender Außenwinkel 143°. Wie groß sind die andern Dreieckswinkel?

6. In einem Dreieck sind zwei Außenwinkel 63° und 158°; wie groß sind die Dreieckswinkel?

7. Wie groß sind die spitzen Winkel eines rechtwinkligen Dreiecks, wenn
a) der eine, β, gegeben ist (Beispiel: $\beta = 49^\circ\ 13'\ 26''$),
b) der eine viermal so groß ist als der andere,
c) der eine um 16° größer ist als der andere?

7*. Stelle die Abhängigkeit des einen spitzen Winkels im rechtwinkligen Dreieck vom andern durch eine Tabelle dar entsprechend Übung 1* zu § 9.

8. Die Winkel, in die die Höhe im rechtwinkligen Dreieck den rechten Winkel teilt, sollen mit den anderen Dreieckswinkeln verglichen werden.

9. Wie groß ist die Summe der Außenwinkel eines Dreiecks? (An jeder Ecke ist nur ein Außenwinkel zu zählen.)

10. Was für einen Winkel bilden die Halbierungslinien zweier Ergänzungswinkel an Parallelen miteinander?

11. Läßt sich der aus 10 hervorgehende Satz umkehren?

12. Wenn man in einem Dreieck die Seiten um die aufeinanderfolgenden Ecken in demselben Sinne dreht und zwar um einen und denselben Winkel, so entsteht ein neues Dreieck, das mit dem alten in den Winkeln übereinstimmt.

13. Den Satz von der Winkelsumme im Dreieck zu beweisen mit Hilfe einer Parallelen, die man durch eine Ecke des Dreiecks zur Gegenseite zieht.

14. Welchen Winkel bilden die Halbierungslinien zweier Außenwinkel eines Dreiecks miteinander?

15. In einem Viereck ist $\alpha = 48^\circ\ 16'\ 23''$, $\beta = 109^\circ\ 33'\ 14''$, $\gamma = 132^\circ\ 17'\ 48''$. Wie groß ist δ?

16. Wieviel Winkel müssen bestimmt sein, wenn sich vier Gerade in sechs Punkten schneiden, damit alle übrigen Winkel auch bestimmt sind? Nimm für jene Winkel Zahlenwerte an und berechne die übrigen.

Zweiter Abschnitt.

Von den Dreiecken.

A. Vorübungen (Anschauungsübungen).

§ 13. Dreht man in dem Dreieck ABC, das durch die Gerade G und die beiden Strahlen M und L gebildet ist, den Strahl L um die Ecke C, so behalten nur die Seite AC und der Winkel α ihre Größe bei, während alle übrigen Stücke des Dreiecks sich ändern. Eine genauere Untersuchung, bei der sich die Ergebnisse der Messungen in eine Tabelle entsprechend Übung 1* zu § 9 aufnehmen lassen (ebenso in § 14 und 15), zeigt, daß

1. c wächst, und zwar von 0 an über jedes Maß hinaus,
2. γ wächst von 0° bis zu $180^\circ - \alpha$,
3. β abnimmt von $180^\circ - \alpha$ bis 0°,
4. a zuerst abnimmt, bis es die Länge des von C auf G gefällten Lotes hat, und dann über jedes Maß hinaus wächst.

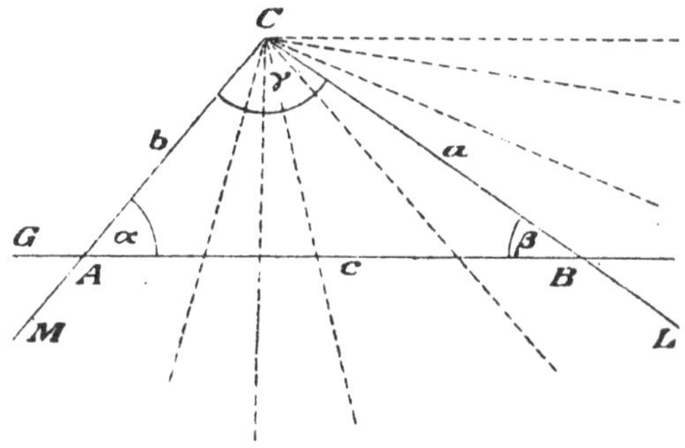

Fig. 1.

Daraus geht hervor, daß das Dreieck ABC durch b und α noch nicht hinreichend bestimmt ist. Es ist aber bestimmt, d. h. man muß bei der Drehung von L in einem ganz bestimmten Augenblick einhalten, sobald noch 1. die Länge von c oder 2. die Größe von $\sphericalangle \gamma$ (vorausgesetzt, daß $\sphericalangle \gamma < 180^\circ - \alpha$) oder 3. die Größe von $\sphericalangle \beta$ (unter derselben Voraussetzung) vorgeschrieben ist. Schreibt man aber für a eine Länge vor, die kleiner als b ist, so wird diese bei der Drehung (wenn überhaupt) zweimal durchlaufen. Soll a dagegen größer als b sein, so nimmt es diese Länge nur einmal an. Das Dreieck ist also nur dann eindeutig bestimmt, wenn 4. die Länge von a und zwar größer als b vorgeschrieben ist.

Bestimmt ist das Dreieck mithin durch

b, α, c, d. h. durch zwei Seiten und den eingeschlossenen Winkel,

b, α, γ, d. h. durch eine Seite und die beiden anliegenden Winkel,

b, α, β, d. h. durch eine Seite, einen anliegenden und den gegenüberliegenden Winkel,

b, α, a $(a > b)$, d. h. durch zwei Seiten und den Gegenwinkel*) der größeren.

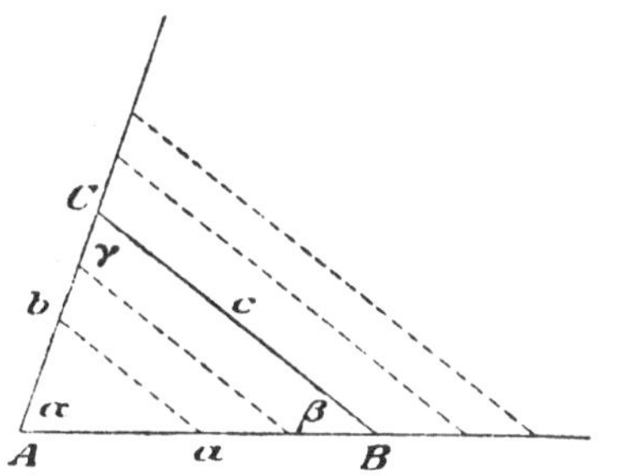

Fig. 2.

§ 14. Wie im vorigen Paragraphen von einem Dreieck eine Seite und ein (anliegender) Winkel festge-

*) „Gegenwinkel" ist hier, wie auch im folgenden, wenn nicht ausdrücklich von Gegenwinkeln an Parallelen die Rede ist, nur eine kurze Bezeichnung für „gegenüberliegender Winkel".

halten wurden, so kann man auch zwei Winkel eines Dreiecks unverändert lassen. In dem Dreieck ABC sollen α und β der Größe nach festgehalten werden, α außerdem auch der Lage nach. CB muß alsdann parallel verschoben werden. Dann bleibt auch $\sphericalangle \gamma$ der Größe nach erhalten, während die sämtlichen Seiten sich ändern, indem sie von 0 an über jedes Maß hinaus wachsen. Schreibt man aber für eine dieser Seiten eine bestimmte Länge vor, so muß man bei der Verschiebung in einem bestimmten Augenblicke einhalten. Das Dreieck ist daher durch 2 Winkel (oder auch alle 3) nicht hinreichend bestimmt, wohl aber durch a, α, β oder b, α, β oder c, α, β, d. h. durch eine Seite und die beiden anliegenden Winkel oder durch eine Seite, einen anliegenden und den gegenüberliegenden Winkel.

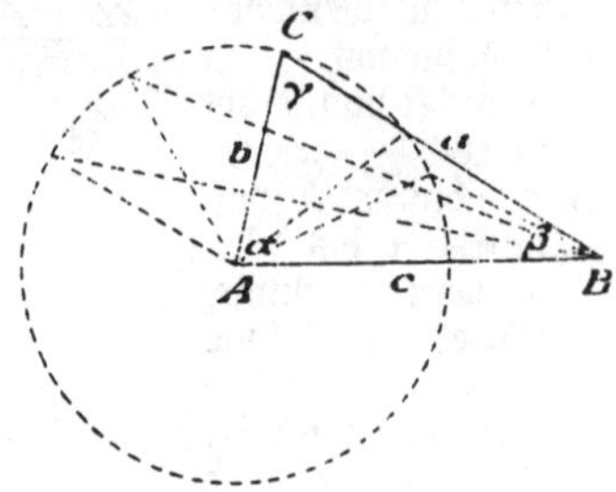

Fig. 3.

§ 15. Ebenso lassen sich zwei Seiten eines Dreiecks unverändert beibehalten, z. B. c und b, c auch der Lage nach. b muß sich dann um A drehen, so daß der Punkt C einen Kreis beschreibt. Je nachdem $b < c$ oder $b > c$ ist, liegt B außerhalb oder innerhalb des Kreises. Es genügt, die obere Hälfte der Figur zu betrachten, da die Dreiecke sich unten wiederholen. Die übrigen Stücke ändern sich dann in folgender Weise:

1. a wächst von $c - b$ bis $c + b$,
2. α wächst von 0° bis 180°,
3. γ nimmt ab von 180° bis 0°,
4. β nimmt von 0° an zuerst zu und dann wieder ab bis zu 0°,

wenn $b < c$,

und

1. a wächst von $b - c$ bis $b + c$,
2. α wächst von 0° bis 180°,
3. γ wächst zuerst von 0° an und nimmt dann wieder ab bis zu 0°,
4. β nimmt ab von 180° bis 0°,

wenn $b > c$.

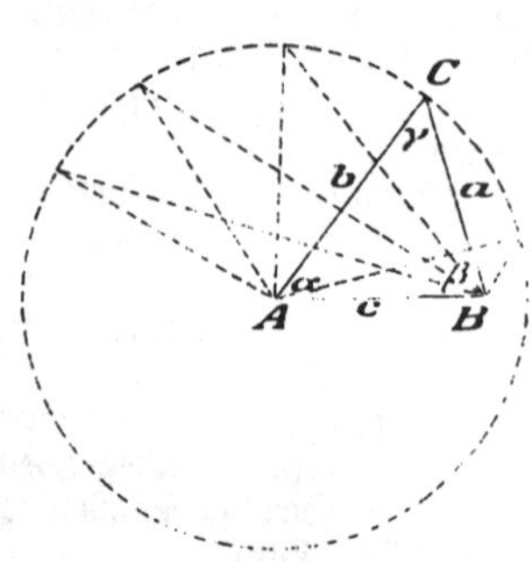

Fig. 4.

Das Dreieck ist also eindeutig bestimmt durch b, c, a (Bedingung: a größer als die Differenz und kleiner als die Summe von b und c), d. h. durch die drei Seiten, b, c, α, d. h. durch zwei Seiten und den eingeschlossenen Winkel, b, c, γ (wenn $b < c$) und b, c, β (wenn $b > c$), d. h. durch zwei Seiten und den Gegenwinkel der größeren.

§ 16. Gesamtergebnis: Ein Dreieck ist eindeutig bestimmt:

1. durch zwei Seiten und den eingeschlossenen Winkel (Bedingung: Winkel < 180°),

2. durch eine Seite und zwei Winkel (Bedingung: Summe der beiden Winkel $< 180^0$),
3. durch die drei Seiten (Bedingung: Summe zweier Seiten größer als die dritte, Differenz kleiner als die dritte),
4. durch zwei Seiten und den Gegenwinkel der größeren (Winkel $< 180^0$).

Dagegen sind durch zwei Seiten und den Gegenwinkel der kleineren zwei verschiedene Dreiecke bestimmt, falls die kleinere Seite überhaupt eine hinreichende Länge hat.

B. Übungen zur Lehre von der Symmetrie und zu den geometrischen Örtern.

§ 17. Übungen: 1. Die Halbierungslinie eines Winkels ist Achse zu den Schenkeln.

2. Verschiebt man die Achse parallel mit sich selbst, so verschiebt sich das Bild eines Punktes um das Doppelte.

3. Dreht sich die Achse um einen Winkel α, so dreht sich das Bild eines Punktes um 2α.

4. Zu zwei gegebenen Punkten die Achse zu zeichnen (mehrere Lösungen).

5. Zu zwei sich schneidenden Geraden die Achse zu zeichnen.

6. Zu zwei parallelen Geraden die Achse zu zeichnen.

7. Wie folgt aus der Zeichnung des symmetrischen Punktes C zu A mittels des Lotes AB auf die Achse der Satz: Von einem Punkte läßt sich nur ein Lot auf eine Gerade fällen?

8. Wie folgt aus symmetrischen Betrachtungen der Satz: Unter allen Strecken, die einen Punkt mit einer Geraden verbinden, ist die Senkrechte die kürzeste?

Anleitung: Vergleiche den Weg von A über B nach C (vgl. Üb. 7) mit dem Weg von A über D, einen andern Achsenpunkt, nach C.

9. Wie läßt sich der Satz: Alle Lote auf einer Geraden sind parallel, durch Umklappen beweisen?

10. Zeichne zu einer gegebenen geradlinigen Figur (Dreieck, Viereck) die symmetrische Figur in bezug auf eine gegebene Achse und benutze hierzu die Ecken oder die Seiten oder teils Ecken, teils Seiten.

§ 18. Übungen: 1. Einen Punkt zu zeichnen, der von einem Punkt P um die Strecke a und von einem Punkt Q um die Strecke b entfernt ist.

2. Einen Punkt zu zeichnen, der von einem Punkt P um die Strecke a entfernt ist und dessen Abstände von den Punkten Q_1 und Q_2 gleich sind.

3. Einen Punkt zu zeichnen, dessen Abstand von P gleich a und der von zwei Geraden G und L gleich weit entfernt ist.

4. Einen Punkt zu zeichnen, der von den Punkten P und Q gleich weit entfernt ist und dessen Abstände von den Geraden G und L gleich sind.

C. Übungen aus der Lehre von den Dreiecken.

§ 19. Übungen: 1. Wie groß sind die Winkel eines gleichschenkligen Dreiecks, wenn

a) ein Grundwinkel α gegeben ist (Beispiel: $\alpha = 72^0$),
b) der Winkel an der Spitze γ gegeben ist (Beispiel: $\gamma = 152^0$),
c) der Winkel an der Spitze dreimal so groß ist als jeder Grundwinkel,
d) der Winkel an der Spitze um 20^0 kleiner ist als jeder Grundwinkel?

1*. Stelle die Abhängigkeit des Winkels an der Spitze im gleichschenkligen Dreieck von den Grundwinkeln (und umgekehrt) durch eine Tabelle dar wie in Übung 1* zu § 9.

2. Winkel von 45^0, 60^0, 30^0, 15^0, 75^0 ohne Winkelmesser zu zeichnen.

3. Einen rechten Winkel in drei gleiche Teile zu teilen.

4. Welche Lage hat die Gerade, die den Außenwinkel an der Spitze eines gleichschenkligen Dreiecks halbiert?

5. Läßt sich der bei 4. gewonnene Satz umkehren?

6. Verlängert man einen Schenkel eines gleichschenkligen Dreiecks über die Spitze hinaus um sich selbst und verbindet den Endpunkt mit der anderen Grundecke, so steht die Verbindungslinie auf der Grundlinie senkrecht.

7. Im Endpunkt eines Strahls auf ihm das Lot zu errichten, ohne ihn zu verlängern (vgl. 6).

8. Durch einen Punkt P innerhalb eines Winkels eine Gerade zu ziehen, die a) unter einem gegebenen Winkel α gegen den einen Schenkel geneigt ist, b) auf den Schenkeln gleiche Stücke abschneidet.

§ 20. Übungen: 1. Was gilt im gleichschenkligen Dreieck

a) von den Höhen auf den Schenkeln?
b) von den die Schenkel halbierenden Ecklinien?
c) von den Halbierungslinien der Grundwinkel?
d) von den Loten, die man von der Mitte der Grundlinie auf die Schenkel fällt?

2. Um die Grundecken eines gleichschenkligen Dreiecks drehen sich zwei Gerade nach derselben Seite so, daß sie stets gleiche Winkel mit der Grundlinie bilden

a) Was für Strecken bestreichen sie auf den Schenkeln?
b) Was für Dreiecke bilden sie?
c) Wie teilen sie sich gegenseitig?
d) Welchen Weg legt ihr Schnittpunkt zurück?
e) Was gilt von der Verbindungslinie ihrer Endpunkte?

3. Um die Grundecken eines gleichschenkligen Dreiecks drehen sich zwei Gerade nach derselben Seite so, daß sie gleiche Strecken auf den Schenkeln bestreichen.

a) Was für Winkel beschreiben sie?
b) c), d) und e) wie bei 2.

4. Wie Aufgabe 2a, b, c, nur sollen sich die Geraden um die Mitte der Grundlinie drehen.

5. Wie Aufgabe 3a, b, c, nur sollen sich die Geraden um die Mitte der Grundlinie drehen.

6. In einem gleichschenkligen Dreieck drehen sich die Schenkel um die Spitze beide nach innen oder beide nach außen so, daß sie a) gleiche Winkel beschreiben oder b) auf der Grundlinie gleiche Strecken bestreichen. Welche Beobachtungen lassen sich machen?

7. In einem gleichschenkligen Dreieck drehen sich die Schenkel um die Grundecken, beide nach innen oder beide nach außen, so daß sie gleiche Winkel beschreiben. Welche Beobachtungen lassen sich machen?

8. In einem gleichschenkligen Dreieck wird a) ein Schenkel oder b) die Grundlinie verschoben. Welchen Einfluß hat dies auf die Gestalt des Dreiecks?

9. In einem gleichschenkligen Dreieck werden die Schenkel um die Grundecken in demselben Sinne so gedreht, daß sie gleiche Winkel beschreiben. Welchen Einfluß hat dies auf den Winkel zwischen den Schenkeln? Gilt dasselbe auch von einem beliebigen Dreieck?

10. Auf den Schenkeln eines gleichschenkligen Dreiecks bewegen sich von der Spitze aus zwei Punkte so, daß die zurückgelegten Strecken stets gleich sind. Wie weit bleiben sie von den gegenüberliegenden Grundecken und wie weit von der Grundlinie entfernt?

11. Verschiebt sich in einem gleichseitigen Dreieck jeder Eckpunkt in demselben Sinne auf einer Seite um eine gleiche Strecke, so bleibt das neue Dreieck gleichseitig.

§ 21. Übungen: **1.** In kongruenten Dreiecken sind

a) gleichliegende Höhen,
b) gleichliegende Winkelhalbierende,
c) gleichliegende Seitenhalbierende gleich.

2. Zwei Dreiecke sind kongruent, wenn sie übereinstimmen in

a) zwei Winkeln und einer entsprechend gelegenen Höhe,
b) zwei Winkeln und einer entsprechend gelegenen Winkelhalbierenden,
c) zwei Seiten und der Seitenhalbierenden zu einer von beiden,
d) zwei Seiten und der Höhe auf einer von beiden,
e) einer Seite, einem anliegenden Winkel und der Höhe aus dem Scheitel dieses Winkels,
f) einer Seite, einem anliegenden Winkel und der Höhe auf jener Seite,
g) einer Seite, einem anliegenden Winkel und der Halbierungslinie dieses Winkels.

3. Bilde besondere Kongruenzsätze

a) für rechtwinklige Dreiecke,
b) für gleichschenklige Dreiecke,
c) für gleichseitige Dreiecke.

4. Ein Dreieck zu zeichnen, wenn die in 2a—g angegebenen Stücke gegeben sind

Dritter Abschnitt.

Von den Vierecken und Vielecken überhaupt.

§ 22. Übungen: 1. Umkehrungssätze vom Rechteck, Rhombus und Quadrat zu bilden und zu beweisen.

2. Jede durch den Schnittpunkt der Diagonalen eines Parallelogramms gezogene Gerade wird, soweit sie innerhalb des Parallelogramms liegt, in jenem Schnittpunkt halbiert.

3. Die Fußpunkte der Lote, die vom Schnittpunkt der Diagonalen eines Parallelogramms auf die Seiten gefällt sind, bilden die Eckpunkte eines neuen Parallelogramms.

4. Ist bei 3. das ursprüngliche Parallelogramm ein Rhombus, so ist das neue ein Rechteck und umgekehrt.

5. Die Mitten der Seiten eines Vierecks bilden die Ecken eines Parallelogramms. (Ziehe die Diagonalen des Vierecks.)

6. Die Mitten der Seiten eines Rechtecks bilden die Ecken eines Rhombus und umgekehrt.

7. Die Mitten der Seiten eines gleichschenkligen Trapezes bilden die Ecken eines Rhombus.

8. Die Mitten der Seiten eines Dreiecks bilden die Ecken eines neuen Dreiecks, das mit dem alten in den Winkeln übereinstimmt und dessen Seiten halb so groß sind.

9. Die Mitten zweier Gegenseiten eines Vierecks und die Mitten der Diagonalen bilden die Ecken eines Parallelogramms.

10. Die Halbierungslinien der Winkel eines Parallelogramms bilden ein Rechteck.

11. Die Halbierungslinien der Winkel eines Rechtecks bilden ein Quadrat.

12. Verschiebt man die Ecken eines Parallelogramms auf den Seiten in gleichem Sinne und um eine und dieselbe Strecke, so bilden sie die Ecken eines neuen Parallelogramms.

13. Ist bei 12. das ursprüngliche Parallelogramm ein Quadrat, so ist das neue auch ein Quadrat.

14. In einem gleichschenkligen Trapez sind die Winkel an jeder Grundlinie gleich und die Diagonalen gleich.

15. Umkehrungssätze vom gleichschenkligen Trapez zu bilden und zu beweisen.

16. Weitere Eigenschaften des gleichschenkligen Trapezes aufzusuchen hinsichtlich a) der Dreiecke, die durch die Diagonalen gebildet werden, b) der Mittelsenkrechten auf einer Grundlinie, c) der Verbindungslinie der Mitten der Grundlinien.

17. Untersuche die Figur, die entsteht, wenn man in einem Trapez jede der beiden Grundlinien um die andere nach derselben Seite hin verlängert und die Endpunkte miteinander verbindet. Wie kann man an dieser Figur zeigen, daß die Mittellinie gleich der halben Summe der Grundlinien ist?

§ 23. Übungen: 1. Ein Viereck $ABDC$ zu zeichnen aus:

a) AB, BD, DC, $\sphericalangle B$, $\sphericalangle D$;
b) AB, BD, $\sphericalangle A$, $\sphericalangle B$, $\sphericalangle D$;
c) AB, BD, DC, $\sphericalangle B$, BC;
d) AB, BD, DC, AC, $\sphericalangle B$;
e) AB, BD, DC, AD, BC;
f) AB, BD, AD, $\sphericalangle CBD$, $\sphericalangle BDC$;
g) AB, BD, $\sphericalangle ABD$, $\sphericalangle ABC$, DC.

2. Ein Parallelogramm $ABDC$ zu zeichnen aus:

a) AB, AC, $\sphericalangle A$;
b) AB, AC, BC;
c) AB, $\sphericalangle DAB$, BD;
d) AD, BC, Winkel zwischen AD und BC.

3. Ein Rechteck $ABDC$ zu zeichnen aus:

a) AB, AC;
b) AB, AD;
c) AD, $\sphericalangle DAB$;
d) AD, Winkel zwischen AD und BC.

4. Einen Rhombus $ABDC$ zu zeichnen aus:

a) AB, AD;
b) AD, $\sphericalangle A$;
c) AD, BC.

5. Ein Quadrat zu zeichnen aus der Diagonale.

6. Ein Trapez $ABDC$ ($AB \| CD$) zu zeichnen aus

a) AB, CD, $\sphericalangle A$, BC;
b) AB, BD, AD, $\sphericalangle A$.

7. Einen Punkt zu zeichnen, der von einer Geraden L um die Strecke a entfernt ist, und

a) der von einem Punkt P den Abstand b hat,
b) der von einer zweiten Geraden G um b entfernt ist,
c) der von zwei Punkten P und Q gleichen Abstand hat,
d) der von zwei Geraden G_1 und G_2 gleichen Abstand hat.

8. Durch einen Punkt P innerhalb eines Winkels eine Gerade zu ziehen, die zwischen den Schenkeln a) eine vorgeschriebene Länge n hat, b) in P halbiert wird.

Vierter Abschnitt.

Vom Kreise.

§ 24. Abhängigkeitsverhältnisse.

A. Übung: Stelle die Abhängigkeit des Mittelpunkts- und des Umfangswinkels von der Länge der Sehne nach Ausführung von Messungen durch eine Tabelle dar.

B. Übung: Stelle die Abhängigkeit der Länge der Tangenten und des von ihnen gebildeten Winkels von der Länge der Zentrale durch eine Tabelle dar.

§ 25. Übungssätze, die zu bilden und zu beweisen sind. **1.** In einem Kreise wird eine Sekante *) parallel verschoben.

a) Verfolge den Weg des Mittelpunkts ihrer Sehne.
b) Vergleiche die an beiden Seiten bestrichenen Kreisbogen.
c) Verfolge den Weg des Schnittpunkts der in den Endpunkten der Sehne angelegten Tangenten.
d) Vergleiche den Winkel zwischen diesen Tangenten mit dem zur Sehne gehörenden Mittelpunktswinkel.

2. In einem Kreise dreht sich eine Sekante um den einen Schnittpunkt.

a) Verfolge den Weg des Mittelpunkts ihrer Sehne. (Betrachte ihn als Fußpunkt des vom Kreismittelpunkt auf die Sehne gefällten Lotes.)
b) Vergleiche den Winkel, um den sich die im beweglichen Endpunkt der Sehne angelegte Tangente dreht, mit dem Winkel, den die Sekante selbst beschreibt.

3. In einem Kreise dreht sich eine Sekante um einen ihrer innerhalb oder außerhalb gelegenen Punkte.

a) Verfolge den Weg des Mittelpunktes ihre Sehne (vgl. 2a).
b) Verfolge die Änderung in der Länge ihrer (3) Abschnitte und suche die größten und kleinsten Werte auf.
c) Vergleiche den von ihr beschriebenen Winkel mit den Umfangswinkeln, die auf den bestrichenen Bogen stehen. (Verlege den betrachteten Winkel nach dem Endpunkt einer Sehne und berücksichtige 1b, oder stelle dir die beiden Umfangswinkel durch eine Hilfslinie dar.)

4. Zwei Sekanten drehen sich gleichzeitig nach verschiedenen Seiten um den einen Endpunkt eines Durchmessers, so daß sie in jedem Augenblick mit ihm gleiche Winkel bilden.

*) Hier wie auch in den folgenden Aufgaben ist der Fall stets besonders zu berücksichtigen, wo die Sekante zur Tangente wird.

a) Vergleiche die jedesmalige Länge der beiden Sehnen.
b) Vergleiche die jedesmalige Länge der beiden bestrichenen Bogen.
c) Verfolge die Bewegung der Verbindungslinie der Endpunkte der Sehnen sowie ihrer Mittelpunkte.
d) Verfolge den Weg des Schnittpunktes der in den Endpunkten der Sehnen angelegten Tangenten.

5. Wie 4, nur soll an die Stelle des Durchmessers eine Sehne treten.

6. Wie 4, nur soll die Drehung um einen innerhalb oder außerhalb gelegenen Punkt einer Zentrale erfolgen.

7. Zwei Sekanten drehen sich um die Endpunkte eines Durchmessers so nach derselben Seite, daß sie in jedem Augenblick mit ihm gleiche Winkel bilden.

a) Verfolge den Weg ihres Schnittpunktes.
b) Vergleiche die jedesmalige Länge der Sehnen.
c) Vergleiche die jedesmalige Länge der bestrichenen Bogen.
d) Verfolge die Bewegung der Verbindungslinie der Endpunkte der Sehnen sowie ihrer Mittelpunkte.

8. Wie 7, nur soll an die Stelle des Durchmessers eine Sehne treten.

9. Zwei Sekanten drehen sich um die Endpunkte eines Durchmessers so nach verschiedenen Seiten, daß sie in jedem Augenblick gleiche Winkel mit ihm bilden.

a) Vergleiche die jedesmalige Länge der bestrichenen Bogen.
b) Vergleiche die jedesmalige Länge der Sehnen.
c) Verfolge die Bewegung der Verbindungslinie der Endpunkte der Sehnen sowie ihrer Mittelpunkte.

10. Eine Sehne von unabänderlicher Länge bewegt sich gleitend in einem Kreise.

a) Verfolge den Weg ihres Mittelpunktes.
b) Vergleiche den Winkel, um den sich die Sehne dreht, mit dem Winkel, den das vom Kreismittelpunkt auf sie gefällte Lot oder der Halbmesser nach dem einen Endpunkt beschreibt.
c) Desgl. den Winkel, um den sich die in dem einen Endpunkt angelegte Tangente dreht.
d) Verfolge den Weg des Schnittpunktes der in den beiden Endpunkten angelegten Tangenten und den Winkel, den sie dort bilden.

11. Eine Tangente von unabänderlicher Länge bewegt sich gleitend an einem Kreise so, daß sie ihn stets mit demselben Endpunkt berührt.

a) Verfolge den Weg des andern Endpunktes.
b) Vergleiche den Winkel, um den sich die Tangente dreht, mit dem Winkel, den der Halbmesser zum Berührungspunkt beschreibt.

12. Eine Tangente bewegt sich gleitend an einem Kreise so, daß sie mit immer neuen Punkten den Kreis berührt.

a) Verfolge den Winkel, unter dem die Tangente vom Mittelpunkt aus erscheint, soweit sie zwischen zwei festen parallelen Tangenten liegt.
b) Wie a, doch sollen die beiden festen Tangenten einen Winkel α miteinander bilden.

c) Verfolge im letzteren Falle den Umfang des von den drei Tangenten gebildeten Dreiecks.
d) Vergleiche im Falle a wie b die Winkel, die die nach den Endpunkten der beweglichen Tangente gezogenen Zentralen beschreiben.

§ 26. Vermischte Übungssätze: **1.** Verbindet man die Mittelpunkte der einem Dreieck anbeschriebenen Kreise miteinander, so entsteht ein Dreieck, dessen Seiten durch die Ecken des ursprünglichen Dreiecks gehen und in dem die Winkelhalbierenden dieses Dreiecks Höhen sind.

2. Verbindet man die Fußpunkte der Höhen eines Dreiecks miteinander, so entsteht ein Dreieck, in dem jene Höhen Winkelhalbierende sind und für das die Ecken des ursprünglichen Dreiecks die Mittelpunkte der anbeschriebenen Kreise darstellen.

3. In jedem Tangentenviereck ist die Summe zweier Gegenseiten gleich der Summe der beiden anderen.

4. Ist in einem Viereck die Summe zweier Gegenseiten gleich der Summe der beiden anderen, so läßt sich in das Viereck ein Kreis beschreiben. (Für welche Parallelogramme trifft das zu?)

5. In jedem Sehnensechseck ist die Summe des ersten, dritten und fünften Winkels gleich der Summe des zweiten, vierten und sechsten.

6. In jedem Tangentensechseck ist die Summe der ersten, dritten und fünften Seite gleich der Summe der zweiten, vierten und sechsten.

§ 27. Übungsaufgaben: Dreieckszeichnungen. Ein Dreieck zu zeichnen aus: **1.** r, a, b; **2.** r, c, β; **3.** r, γ, β; **4.** r, c, h_c; **5.** r, γ, h_c; **6.** r, c, t_c; **7.** r, γ, t_c; **8.** r, c, h_a; **9.** r, γ, h_a; **10.** c, γ, h_c (auch wenn $\gamma = 90^0$); **11.** c, γ, t_c; **12.** c, γ, t_a; **13.** $c, \sphericalangle(t_c, b), \sphericalangle(t_c, a)$; **14.** u, v, γ; **15.** β, γ, t_a; **16.** $c, a+b, \gamma$; **17.** c, h_a, h_b; **18.** $a+b+c, \gamma, h_c$; **19.** ϱ, a, β; **20.** ϱ, γ, w_c; **21.** ϱ, c, α; **22.** ϱ, c, h_a; **23.** ϱ, h_c, w_c; **24.** $\varrho, a+b+c, \gamma$.

§ 28. Übungsaufgaben: Kreiszeichnungen. **1.** Einen Kreis von gegebenem Halbmesser ϱ zu zeichnen, der

a) durch zwei Punkte P_1 und P_2 geht;
b) eine Gerade L in einem Punkte P berührt;
c) durch einen Punkt P geht und eine Gerade L berührt;
d) zwei Gerade L_1 und L_2 berührt;
e) einen Kreis K in einem Punkt P berührt;
f) durch einen Punkt P geht und einen Kreis K berührt;
g) eine Gerade L und einen Kreis K berührt;
h) zwei Kreise K_1 und K_2 berührt.

2. Einen Kreis zu zeichnen, der

a) durch drei Punkte P_1, P_2, P_3 geht;
b) durch einen Punkt P_1 geht und eine Gerade L in einem Punkte P_2 berührt;
c) durch einen Punkt P_1 geht und einen Kreis K in einem Punkte P_2 berührt;
d) zwei Gerade L_1 und L_2 berührt, und zwar L_1 in einem Punkte P_1;

e) zwei parallele Gerade L_1 und L_2 berührt und durch einen zwischen ihnen liegenden Punkt P geht;
f) eine Gerade L in einem Punkte P und einen Kreis K berührt;
g) einen Kreis K in einem Punkte P und eine Gerade L berührt;
h) zwei Kreise K_1 und K_2 berührt, und zwar K_1 in einem Punkte P_1;
i) drei Gerade L_1, L_2, L_3 berührt.

§ 29. Vermischte Übungsaufgaben: **1.** Durch einen Punkt innerhalb eines Kreises eine Sehne von vorgeschriebener Länge zu ziehen (vgl. § 25, 10a).

2. Durch einen Punkt außerhalb eines Kreises eine Sekante zu ziehen, auf der der Kreis eine Sehne von vorgeschriebener Länge abschneidet (vgl. § 25, 10a).

3. In einem Kreise eine Sehne von vorgeschriebener Länge (vgl. § 25, 10a) zu ziehen, die

a) zu einer gegebenen Geraden parallel ist;
b) auf einer gegebenen Geraden senkrecht steht;
c) von einer gegebenen Geraden halbiert wird.

4. Von einem Punkte der Kreislinie aus eine Sehne zu ziehen, die von einer gegebenen Geraden halbiert wird (vgl. § 25, 2a).

5. Desgleichen von einem beliebigen Punkt aus (vgl. § 25, 3a).

6. Durch einen Punkt innerhalb eines Kreises die kürzeste Sehne zu ziehen (vgl. § 25, 3b).

7. Eine Sehne in einem Kreise so zu ziehen, daß die in den Endpunkten angelegten Tangenten einen gegebenen Winkel einschließen (vgl. § 25, 1d).

8. Desgl., wenn die Sehne durch einen gegebenen Punkt gehen soll (vgl. § 25, 1d).

9. Von einem Punkte außerhalb eines Kreises die Tangenten an ihn zu ziehen auf Grund von § 25, 11a.

10. An zwei Kreise die gemeinschaftlichen äußeren und inneren Tangenten zu legen.

Anleitung: Verschiebe die gezeichnet gedachte gemeinschaftliche Tangente parallel zu sich selbst, bis sie durch den Mittelpunkt des einen Kreises geht, und überlege, wie weit sie dann noch von dem Mittelpunkt des andern Kreises entfernt ist.

11. Durch zwei Kreise eine Sekante zu legen, auf der die Kreise Sehnen von vorgeschriebener Länge abschneiden (vgl. § 25, 10a u. Aufg. 10).

12. Von einem Schiff erblickt man die Leuchttürme A und B unter einem Winkel α, die Leuchttürme B und C unter einem Winkel β. Wie läßt sich der Ort des Schiffes durch Zeichnung finden, wenn die Lage der Leuchttürme bekannt ist?

Fünfter Abschnitt.

Von der Gleichheit und Ausmessung der geradlinigen Figuren.

§ 30. Übungen: Stelle durch eine Tabelle auf Grund von Messungen oder Rechnungen dar

a) die Abhängigkeit des Quadratinhalts von der Seite,
b) die Abhängigkeit der Quadratseite vom Quadratinhalt,
c) die Abhängigkeit der einen Rechteckseite von der andern bei Rechtecken mit einem Flächeninhalt $J = 48$ qcm,
d) die Abhängigkeit der Hypotenuse c von der Kathete a bei rechtwinkligen Dreiecken mit der Kathete $b = 4$ cm,
e) die Abhängigkeit der Kathete b von der Kathete a bei rechtwinkligen Dreiecken mit der Hypotenuse $c = 10$ cm,
f) die Abhängigkeit der Höhe h von dem einen Hypotenusenabschnitt p in denselben Dreiecken.

§ 31. Übungen: a) Sätze, die rein geometrisch zu beweisen sind.

1. Zieht man durch einen Punkt einer Diagonale eines Parallelogramms die Parallelen zu den Seiten, so haben die von der Diagonale nicht durchschnittenen Parallelogramme gleichen Flächeninhalt. (Lehrsatz von den Ergänzungsparallelogrammen.)

Anleitung: Der Satz, daß jede Diagonale das Parallelogramm halbiert, ist dreimal anzuwenden und die Dreiecke in geeigneter Weise zu subtrahieren.

2. Zwei Dreiecke haben gleichen Flächeninhalt, wenn sie in zwei Seiten übereinstimmen und die eingeschlossenen Winkel sich zu 2 R ergänzen.

Anleitung: Lege die Dreiecke so aneinander, daß die beiden Winkel zusammen einen flachen bilden.

3. Ein Trapez wird durch die Gerade halbiert, die die Mitten der Grundlinien verbindet.

Anleitung: Verbinde die Mitte der einen Grundlinie mit den Endpunkten der andern und vergleiche die entstandenen Dreiecke.

4. Ein Parallelogramm wird durch jede Gerade halbiert, die durch den Schnittpunkt der Diagonalen geht.

Anleitung: Setze die als gleich nachzuweisenden Trapeze aus Stücken zusammen (oder auf andere Weise).

5. Verbindet man in einem Trapez die Mitte eines Schenkels mit den Endpunkten des andern, so ist das von letzterem und den Verbindungslinien gebildete Dreieck halb so groß als das Trapez.

Anleitung: Ziehe durch die Mitte des einen Schenkels die Parallele zu dem andern und vergleiche alsdann das Dreieck mit dem entstandenen Parallelogramm und dieses mit dem Trapez.

6. Verbindet man in einem Viereck die Mitten der anstoßenden Seiten, so entsteht ein Parallelogramm, das halb so groß als das Viereck ist.

Anleitung: Ziehe die Diagonalen des Vierecks und vergleiche die hierdurch entstandenen Teile des Vierecks mit denen des Parallelogramms (vgl. im übrigen § 22,5).

b) Sätze, die mit Benutzung der Inhaltsformeln zu beweisen sind.

7. Betrachte in den nachstehenden Formeln a, b, c und d als Maßzahlen von Strecken und führe für die Formeln geometrische Beweise:

a) $(a + b) \cdot c = ac + bc$,
b) $(a - b) \cdot c = ac - bc$,
c) $(a + b)(c + d) = ac + bc + ad + bd$,
d) $(a + b)(c - d) = ac + bc - ad - bd$,
e) $(a - b)(c + d) = ac - bc + ad - bd$,
f) $(a - b)(c - d) = ac - bc - ad + bd$,
g) $(a + b)^2 = a^2 + 2ab + b^2$,
h) $(a - b)^2 = a^2 - 2ab + b^2$,
i) $(a + b)(a - b) = a^2 - b^2$.

8. Steht eine Gerade auf einer Strecke senkrecht, so ist für jeden Punkt der Geraden die Differenz der Quadrate ihrer Abstände von den Endpunkten der Strecke gleich groß.

Anleitung: Berechne die Quadrate nach dem Pythagoreischen Lehrsatz.

9. Verlängert man die Hypotenuse eines rechtwinkligen Dreiecks nach beiden Seiten um sich selbst und verbindet die Endpunkte mit der Spitze des rechten Winkels, so ist die Summe der Quadrate über diesen Verbindungslinien gleich dem fünffachen Quadrat über der Hypotenuse.

Anleitung: Berechne die Quadrate unter Benutzung der Höhe und der Formeln für den Pythagoreischen Lehrsatz und den Höhensatz.

10. In jedem Parallelogramm ist die Summe der Quadrate über den Diagonalen gleich der Summe der Quadrate über den vier Seiten.

Anleitung: Fälle von den Endpunkten der oberen Grundlinie die Lote auf die untere.

11. In jedem Dreieck ist die doppelte Summe der Quadrate über zwei Seiten gleich dem Quadrat über der dritten Seite vermehrt um das vierfache Quadrat über der Mittellinie zu dieser Seite. (Folgerung aus 10.)

§ 32. a) Verwandlungsaufgaben: 1. Ein Parallelogramm unter Beibehaltung der Grundlinie in ein anderes zu verwandeln:

a) mit vorgeschriebenem Winkel an der Grundlinie,
b) mit vorgeschriebener Seite,
c) mit vorgeschriebener Diagonale,
d) mit gleichen Seiten.

2. Ein Parallelogramm unter Beibehaltung der Winkel in ein anderes mit vorgeschriebener Grundlinie zu verwandeln (entsprechend Übungssatz 31,1).

3. Ein Parallelogramm in ein Dreieck zu verwandeln.

4. Ein Dreieck unter Beibehaltung der Grundlinie in ein anderes zu verwandeln:

a) mit vorgeschriebenem Winkel an der Grundlinie,

b) mit vorgeschriebener Seite,
c) mit vorgeschriebener Mittellinie,
d) mit gleichen Schenkeln,
e) mit vorgeschriebenem Winkel an der Spitze.

5. Ein Dreieck in ein anderes zu verwandeln:
a) mit vorgeschriebener kürzerer oder längerer Grundlinie,
b) mit vorgeschriebener Höhe.

6. Ein Quadrat in ein Rechteck zu verwandeln, von dem eine Seite gegeben ist.

7. Ein Dreieck in ein anderes zu verwandeln, das eine vorgeschriebene Grundlinie und
a) einen vorgeschriebenen Winkel an der Spitze,
b) eine vorgeschriebene Mittellinie hat,
c) gleichschenklig ist.

b) Vervielfältigungs- und Teilungsaufgaben.

8. Ein Quadrat zu zeichnen, das 2-, 3-, 5 mal so groß ist als ein gegebenes Quadrat.

9. Ein Quadrat zu zeichnen, das halb so groß ist als ein gegebenes Quadrat.

10. Ein Quadrat zu zeichnen, das der Summe dreier gegebenen Quadrate gleich ist.

11. Ein Parallelogramm durch Parallelen zu den Seiten in eine vorgeschriebene Zahl gleicher Teile zu teilen.

12. Ein Dreieck desgl. durch Strahlen von einer Ecke aus.

13. Desgl. ein Dreieck durch Strahlen von einem Punkt auf einer Seite aus.

c) Berechnungsaufgaben (ohne Wurzelrechnung zu lösen).

14. a) Ein Garten wird von zwei Straßen begrenzt und zwischen ihnen von zwei parallelen Strecken von 85 und 102 Schritt Länge, die 53 Schritt voneinander entfernt sind. Wie groß ist sein Flächeninhalt, wenn der Schritt zu 80 cm gerechnet wird?

b) Zwei Flächenstücke sind gleich groß, nämlich gleich $J = 100$ qm, das eine quadratisch, das andere rechteckig mit einer Seite $b = 7$ m. Um wieviel unterscheiden sich ihre Umfänge?

c) Ein Zimmer von 6,2 m Länge und 4,8 m Breite soll mit Parkettfußboden versehen werden. Wieviel rechteckige Holzplatten von 20 cm Länge und 10,5 cm Breite sind hierzu nötig? Ist es dabei gleichgültig, ob die Platten parallel zu den Wänden oder unter 45° geneigt gelegt werden?

d) Die Wände desselben Zimmers sollen mit einem Ölanstrich versehen werden. Das Zimmer besitzt zwei Türen von 2,20 m Höhe und 97 cm Breite, die von einem Rahmen von 13 cm Breite umgeben sind, und zwei Fensteröffnungen von 2,30 m Höhe und 1,45 m Breite. Wieviel qm kommen für den Anstrich in Betracht, wenn das Zimmer 2,8 m hoch ist?

15. Den Flächeninhalt eines Rechtecks zu berechnen, wenn der Umfang $u = 162$ cm und eine Seite $a = 46$ cm gegeben sind.

16. Ein rechteckiger Rahmen, der an der Außenseite $m = 106$ cm lang und $n = 94$ cm breit ist, hat die Breite $d = 10$ cm. Welchen Flächenraum schließt er ein?

17. Den Flächeninhalt eines Rhombus aus den Diagonalen e und f zu berechnen. Beispiel: $e = 48$ cm, $f = 35$ cm.

18. Den Flächeninhalt eines rechtwinkligen Dreiecks aus der Höhe h und einem Hypotenusenabschnitt p zu berechnen. Beispiel: $h = 12$ cm, $p = 16$ cm.

Sechster Abschnitt.

Proportionen an Strahlenbüscheln.

§ 33. Übungsaufgaben: 1. Eine Gerade zu ziehen, die auf den Schenkeln eines Winkels Strecken von gegebenem Verhältnis $m : n$ abschneidet und

a) durch einen gegebenen Punkt P geht,
b) vom Scheitelpunkt um eine gegebene Strecke s entfernt ist,
c) einen gegebenen Kreis K berührt.

2. Zu zwei gegebenen Parallelen eine dritte so zu ziehen, daß die Abschnitte einer jeden sie schneidenden Geraden in einem gegebenen Verhältnis $m : n$ stehen.

3. Welches ist der geometrische Ort für einen Punkt, dessen Abstände von zwei gegebenen Geraden in einem bestimmten Verhältnis stehen?

4. Einen Punkt zu suchen, dessen Abstände von den Schenkeln eines Winkels in einem gegebenen Verhältnis stehen und der ferner liegen soll

a) auf einer dritten Geraden,
b) in einem gegebenen Abstand von dem einen Schenkel,
c) in einem gegebenen Abstand von einer dritten Geraden,
d) auf einem gegebenen Kreise.

5. Einen Punkt zu suchen, dessen Abstände von einem gegebenen Punkt P und einer gegebenen Geraden L in einem bestimmten Verhältnis stehen und der ferner liegen soll

a) auf einer Parallelen zu L,
b) auf einem Kreise um P.

6. Welches ist der geometrische Ort für einen Punkt, dessen Abstände von zwei gegebenen Punkten in einem bestimmten Verhältnis $m : n$ stehen? Anleitung: Man betrachte die gegebenen Punkte als Endpunkte der Grundlinie eines Dreiecks, dessen andere Seiten sich wie $m : n$ verhalten, und halbiere den gegenüberliegenden Innenwinkel wie seinen Nebenwinkel.

7. Einen Punkt zu suchen, dessen Abstände von zwei gegebenen Punkten in einem gegebenen Verhältnis $m : n$ stehen und der ferner liegen soll

a) auf einem Kreise um den einen der gegebenen Punkte,
b) auf einer gegebenen Geraden,
c) auf einem gegebenen Kreise.

8. Einen Punkt zu suchen, dessen Abstände von drei gegebenen Geraden (den Seiten eines Dreiecks) in dem gegebenen Verhältnis $m : n : p$ stehen.

9. Einen Punkt zu suchen, dessen Abstände von drei gegebenen Punkten (den Ecken eines Dreiecks) in dem gegebenen Verhältnis $m : n : p$ stehen.

10. Durch zwei zwischen den Schenkeln eines Winkels gegebene Punkte Parallelen zu ziehen, deren Abschnitte (zwischen den Schenkeln) sich wie $m : n$ verhalten.

11. Durch einen Punkt eine Gerade zu ziehen, daß ihre von dem Punkt und je einem Schenkel eines gegebenen Winkels begrenzten Abschnitte sich wie $m : n$ verhalten.

12. Durch einen Punkt eine Gerade so zu ziehen, daß ihre zwischen den drei Strahlen eines Strahlenbüschels liegenden Abschnitte sich wie $m : n$ verhalten.

13. Eine Gerade zu ziehen, deren Abstände von zwei gegebenen Punkten P und Q sich wie $m : n$ verhalten und die

a) durch einen gegebenen dritten Punkt geht,
b) einer gegebenen Geraden parallel ist,
c) zu einer gegebenen Geraden senkrecht steht,
d) einen gegebenen Kreis berührt,
e) von P, Q oder einem dritten Punkt einen gegebenen Abstand besitzt.

14. Eine Gerade zu ziehen, deren Abstände von drei gegebenen Punkten sich wie $m : n : p$ verhalten.

15. Ein Dreieck zu zeichnen aus:

a) t_a, t_c, α; **b)** t_a, t_c, β; **c)** t_a, t_b, a; **d)** t_b, t_c, a; **e)** b, c, t_a; **f)** t_a, t_b, h_a; **g)** t_b, t_c, h_a; **h)** t_a, t_b, t_c; **i)** $t_b, t_c, \sphericalangle (b, t_a)$; **k)** $t_a, t_c, \sphericalangle (b, t_a)$.

16. Einen Transversalmaßstab zu zeichnen.

§ 34. Übungssätze und Fragen: 1. Wird ein Strahlenbüschel von zwei Parallelen geschnitten, so verhalten sich die Abschnitte der einen Parallelen wie die entsprechenden der andern.

2. Teilt eine Ecklinie eines Dreiecks eine Seite (oder ihre Verlängerung) nach dem Verhältnis der anliegenden Seiten, so halbiert sie den gegenüberliegenden Dreieckswinkel (oder seinen Nebenwinkel).

3. Teilen zwei Ecklinien eines Dreiecks sich (von den Ecken aus gerechnet) nach dem Verhältnis 2 : 1, so halbieren sie die gegenüberliegenden Seiten.

4. Ist folgender Umkehrungssatz richtig?

Werden die Schenkel eines Winkels von zwei Geraden geschnitten und verhalten sich deren Abschnitte wie die vom Scheitel begrenzten Abschnitte eines Schenkels, so sind die Geraden parallel.

5a) Zwei sich schneidende Gerade und die Halbierungslinien ihrer Winkel bilden ein harmonisches Strahlenbüschel.

b) Jede Winkelhalbierende eines Dreiecks wird durch den Mittelpunkt des einbeschriebenen und des in Betracht kommenden anbeschriebenen Kreises harmonisch geteilt, und zwar nach dem Verhältnis der Summe der angrenzenden Seiten zur dritten Seite.

c) Zwei Seiten eines Dreiecks bilden mit der Mittellinie zur dritten Seite und der Parallele zu dieser Seite durch die gegenüberliegende Ecke ein harmonisches Büschel.

d) Legt man durch 4 harmonische Punkte ein Strahlenbüschel und zieht durch einen der 4 Punkte die Parallele zu dem Strahl des zugeordneten Punktes, so schneiden darauf die übrigen 3 Strahlen gleiche Stücke ab. (Anleitung: Ersetze die Verhältnisse der ursprünglichen Proportion durch andere.)

e) Zieht man in einem harmonischen Strahlenbüschel zu einem der Strahlen eine Parallele, so schneiden die andern Strahlen darauf gleiche Stücke ab. (Anleitung: Verschiebe die Parallele, bis sie durch einen geeigneten der 4 harmonischen Punkte geht.)

f) Werden in einem Büschel von 4 Strahlen auf einer Parallelen zu einem der Strahlen von den übrigen gleiche Stücke abgeschnitten, so ist das Büschel ein harmonisches. (Anleitung: Ziehe durch die Mitte der parallelen Strecke irgend eine Gerade.)

g) Jede Gerade wird von einem harmonischen Strahlenbüschel in harmonischen Punkten geschnitten. (Anleitung: Ziehe durch einen der Punkte die Parallele zu dem Strahl des zugeordneten Punktes und berücksichtige e.)

6. Wie teilt die Ecklinie eines Dreiecks, die eine Mittellinie halbiert, die Gegenseite?

7. Wie teilen zwei Ecklinien eines Dreiecks die Gegenseiten, die selbst einander (von den Ecken aus gerechnet) nach dem Verhältnis 3 : 2 schneiden?

8. Wie lang ist die Parallele zur Dreiecksseite a, die die Seite b nach dem Verhältnis $m:n$ teilt? Beispiel: $a = 56$ cm $m:n = 3:4$.

9. Wie lang ist die Parallele zu den Grundlinien b und d eines Trapezes, die die Schenkel nach dem Verhältnis $m:n$ teilt? Beispiel: $b = 48$ cm, $d = 36$ cm, $m:n = 2:3$.

10. Wie teilen sich gegenseitig die Ecklinien eines Dreiecks, die ihre Gegenseiten in zwei bzw. drei gleiche Teile zerlegen?

Anleitung: Ziehe durch den Endpunkt der einen Ecklinie die Parallele zur Gegenseite der andern.

11. In der vorigen Frage sind statt 2 und 3 andere bestimmte Zahlen oder m und n zu setzen.

Siebenter Abschnitt.

Von der Ähnlichkeit der Figuren.

§ 35. Übungssätze: 1. Die Flächeninhalte zweier Dreiecke, die in einem Winkel übereinstimmen, verhalten sich wie die Produkte der diesen Winkel einschließenden Seiten.

Anleitung: Lege die Dreiecke mit dem gleichen Winkel aufeinander, verbinde zwei freie Ecken und vergleiche jedes der gegebenen Dreiecke mit dem Dreieck, das diese Verbindungslinie als Grundlinie und die gemeinsame Ecke als Spitze hat.

2. Mit Hilfe des vorstehenden Satzes den Lehrsatz zu beweisen, daß sich die Flächeninhalte ähnlicher Dreiecke wie die Quadrate gleichliegender Seiten verhalten.

3. In jedem Dreieck verhalten sich zwei Höhen umgekehrt wie die zugehörigen Seiten.

4. In jedem Dreieck verhalten sich die oberen Abschnitte zweier Höhen umgekehrt wie die untern.

5. In jedem Dreieck bilden die Höhenabschnitte einer Seite die äußeren, die Höhe selbst und ihr unterer Abschnitt die inneren Glieder einer Proportion.

6. Wie lassen sich die Lehrsätze verallgemeinern: In ähnlichen Dreiecken verhalten sich gleichliegende Höhen, Winkelhalbierende, Seitenhalbierende, Radien der verschiedenen Kreise wie zwei gleichliegende Seiten, und: Die Umfänge ähnlicher Figuren verhalten sich wie zwei gleichliegende Seiten?

7. Wann sind rechtwinklige Dreiecke ähnlich?

8. Wann sind gleichschenklige Dreiecke ähnlich?

9. Zwei Dreiecke sind ähnlich, wenn folgende Bedingungen erfüllt sind:

a) $c : c' = h_a : h_a'$, $\alpha = \alpha'$; b) $c : c' = h_a : h_a'$, $\gamma = \gamma'$;
c) $c : c' = t_c : t_c'$, $\sphericalangle (c, t_c) = \sphericalangle (c', t_c')$;
d) $a : a' = t_c : t_c'$, $\sphericalangle (a, t_c) = \sphericalangle (a', t_c')$;
e) $a : a' = w_c : w_c'$, $\gamma = \gamma'$; f) $h_c : h_c' = w_c : w_c'$, $\alpha = \alpha'$;
g) $h_c : h_c' = t_c : t_c'$, $\alpha = \alpha'$; h) $c : c' = r : r'$, $\alpha = \alpha'$;
i) $c : c' = r : r' = h_a : h_a'$; k) $a : a' = \varrho : \varrho'$, $\gamma = \gamma'$;
l) $h_a : h_a' = h_b : h_b'$, $\gamma = \gamma'$; m) $h_a : h_a' = h_b : h_b' = h_c : h_c'$.

§ 36. Übungsaufgaben: 1. In einem Dreieck, dessen Seiten $a = 30$ cm, $b = 24$ cm und $c = 36$ cm sind, ist zur Seite c eine Parallele gezogen.

a) Wie lang ist diese Parallele, wenn sie α) die anderen Seiten nach dem Verhältnis $m : n$ (2 : 3), von C aus gerechnet, teilt, β) auf CA von C aus eine Strecke $p = 6$ cm abschneidet?

b) In welchem Verhältnis teilt die Parallele die Seiten, wenn sie $q = 24$ cm lang ist?

2. Ein Vieleck im vergrößerten Maßstabe 3 : 2 zu zeichnen.

3. Ein Vieleck in verkleinertem Maßstabe 2 : 5 so zu zeichnen, daß eine seiner Ecken auf einen gegebenen Punkt fällt.

4. Ein Dreieck zu zeichnen aus:

a) $a : b, \gamma$; b) α, β; c) $a : b : c$; d) $a : b, \alpha$ und außerdem:
α) h_c; β) t_c; γ) w_c; δ) r; ε) ϱ.

5. Ein Dreieck zu zeichnen aus:

a) $b : h_c, c, \beta$; b) $b : h_c, c, t_c$; c) $b : h_c, c, t_b$; d) $b : h_c, w_a, h_a$;
e) $b : t_c, \sphericalangle (b, t_c), h_c$; f) $b : w_c, \gamma, t_c$; g) $b : r, w_b, h_c$; h) $b : r, \varrho, h_a$.

6. Auf den Meßtischblättern sind die Längen nach dem Maßstab 1 : 25 000 verkleinert. In welchem Verhältnis erscheinen die Flächen verkleinert, und welche wirkliche Fläche wird dargestellt von 1 qmm, 1 qcm und 1 qdm des Meßtischblatts?

Achter Abschnitt.

Proportionen am Kreise.

§ 37. Übungssätze: 1. Wie geht a) der Höhensatz aus dem Sehnensatz, b) der Kathetensatz aus dem Tangentensatz hervor?

2. Ist in einem Dreieck eine Seite mittlere Proportionale zwischen einer benachbarten Seite und ihrem anliegenden Höhenabschnitt, so liegt der letzteren Seite ein rechter Winkel gegenüber.

3. Ist in einem Dreieck eine Höhe mittlere Proportionale zwischen den Abschnitten, in die sie eine Seite teilt, so liegt dieser Seite ein rechter Winkel gegenüber.

4. Wird eine Sehne von einer andern halbiert, so ist die Hälfte der ersteren mittlere Proportionale zu den Abschnitten der letzteren.

5. Schneiden sich zwei Strecken zwischen ihren Endpunkten so, daß die Produkte aus den Abschnitten je einer Strecke gleich sind, so liegen die Endpunkte auf einem Kreise. Anleitung: Lege durch drei Endpunkte einen Kreis.

6. Schneiden sich zwei Strecken in ihren Verlängerungen so, daß die Produkte aus den (vom Schnittpunkt aus gemessenen) Abschnitten je einer Strecke gleich sind, so liegen die Endpunkte auf einem Kreise. Anleitung wie bei 5.

7. Geht die Verlängerung einer Strecke durch den einen Endpunkt einer zweiten Strecke und ist letztere mittlere Proportionale zu den Abschnitten der ersteren, so bilden die beiden Strecken Sehne und Tangente eines Kreises.

Anleitung: Lege durch einen Endpunkt der ersten Strecke den Kreis, der die zweite in ihrem freien Endpunkt berührt.

8. Verlängert man eine stetig geteilte Strecke um den größeren Abschnitt, so ist die entstandene ganze Strecke wiederum stetig geteilt.

9. Verkürzt man den größeren Abschnitt einer stetig geteilten Strecke um den kleineren, so ist ersterer wiederum stetig geteilt.

§ 38. Übungsaufgaben: 1. Zu drei gegebenen Strecken die vierte Proportionale mittels des Sehnensatzes zu zeichnen.

2. Zu zwei gegebenen Strecken die mittlere Proportionale a) mittels des Sehnensatzes, b) mittels des Tangentensatzes zu zeichnen.

3. Die übrigen Stücke eines rechtwinkligen Dreiecks (Seiten, Höhe, Höhenabschnitte) zu berechnen, wenn gegeben sind (p unter a, q unter b):

a) $a = 20$ cm, $b = 15$ cm, b) $a = 1{,}56$ m, $c = 1{,}69$ m, c) $b = 7{,}5$ cm, $q = 4{,}5$ cm, d) $p = 2{,}88$ m, $q = 0{,}5$ m, e) $p = 0{,}64$ m, $c = 1$ m, f) $q = 3{,}2$ cm, $h = 6$ cm, g) $b = 1{,}95$ m, $h = 1{,}8$ m, h) $c = 289$ m, $h = 120$ m, i) $b = 272$ m, $a = 450$ m. (Die zu ziehenden Quadratwurzeln gehen sämtlich auf.)

4. In einem Dreieck eine Ecklinie so zu ziehen, daß sie mittlere Proportionale zu den Abschnitten der Gegenseite wird (§ $37_{,4}$).

5. Zwei Strecken zu zeichnen, wenn ihre Summe und die mittlere Proportionale zu beiden gegeben ist (Höhensatz).

6. Zwei Strecken zu zeichnen, wenn ihre Differenz und die mittlere Proportionale zu beiden gegeben ist (Tangentensatz).

7. Eine Strecke so zu verlängern, daß sie den größeren Abschnitt der stetig geteilten ganzen Strecke bildet.

8. Eine Strecke so zu verlängern, daß sie den kleineren Abschnitt der stetig geteilten ganzen Strecke bildet.

9. Ein Dreieck in ein gleichschenkliges mit demselben Winkel an der Spitze zu verwandeln (§ 35,$_1$).

10. Ein Dreieck durch eine Parallele zu einer Seite zu halbieren (die Inhalte ähnlicher Dreiecke verhalten sich wie die Quadrate gleichliegender Seiten).

11. Ein Dreieck durch Parallelen zu einer Seite in eine gegebene Zahl gleicher Teile zu teilen (Anleitung wie zu 10).

12. Einen Kreis zu zeichnen, der durch zwei gegebene Punkte P und Q geht und eine gegebene Gerade L berührt.

Anleitung: Ziehe die Sehne PQ und berücksichtige den Tangentensatz.

13. Einen Kreis zu zeichnen, der zwei gegebene Gerade L und M berührt und durch einen gegebenen Punkt P geht.

Anleitung: Suche den Kreispunkt, der in bezug auf die Halbierungslinie des Winkels zwischen L und M zu P symmetrisch liegt, und verfahre alsdann wie in 12.

Neunter Abschnitt.

Von den regelmäßigen Vielecken und der Ausmessung des Kreises.

§ 39. Übungen. 1. Unter der Voraussetzung, daß der Radius eines Kreises, r, gegeben ist, die Formeln abzuleiten für a) s_5, b) s_8, c) s_{12}.

2. Unter derselben Voraussetzung die Formeln abzuleiten für a) ϱ_3, b) ϱ_4, c) ϱ_5, d) ϱ_6, e) ϱ_8, f) ϱ_{10}, g) ϱ_{12}, worin ϱ den Radius des einbeschriebenen Kreises bedeutet.

3. Unter derselben Voraussetzung die Formeln abzuleiten für a) S_3, b) S_4, c) S_5, d) S_6, e) S_8, f) S_{10}, g) S_{12}.

4. Unter derselben Voraussetzung die Formeln abzuleiten für den Flächeninhalt a) i_3, b) i_4, c) i_5, d) i_6, e) i_8, f) i_{10}, g) i_{12}.

5. Unter derselben Voraussetzung die Formeln abzuleiten für den Flächeninhalt a) I_3, b) I_4, c) I_5, d) I_6, e) I_8, f) I_{10}, g) I_{12}.

6a) Ein kreisrunder Tisch soll für 8 Personen Platz bieten. Wie groß ist der Durchmesser zu wählen, und wie groß ist seine Fläche, wenn für jede Person 72 cm Sitzbreite gerechnet wird?

b) Die Räder eines Fahrrades haben Halbmesser von 36 cm. Welchen Weg hat man mit dem Rad zurückgelegt, wenn sie sich dabei 500 mal um ihre Achse gedreht haben?

c) Welchen Weg legt ein Punkt am Umfang eines Schwungrades von 3,2 m Durchmesser in der Sekunde zurück, wenn sich das Rad in der Minute 45 mal herumdreht?

d) Wie groß sind die Durchmesser der Vorder- und Hinterräder eines Wagens, wenn die ersteren sich auf einer Strecke von 1 km 290 mal herumdrehen und 11 Umdrehungen der letzteren auf 13 Umdrehungen der ersteren kommen?

e) In einer technischen Anlage sind zwei Räder durch einen Treibriemen verbunden. In welchem Verhältnis stehen die Durchmesser der Räder zueinander, wenn das kleinere in derselben Zeit 10 mal soviel Umdrehungen macht als das größere?

f) An einem Fahrrad bewegt sich die Pedalstange in einem Kreise von 18 cm Halbmesser und ist mit einem konzentrischen Rade von 12 cm Halbmesser fest verbunden; letzteres steht durch eine Gelenkkette mit einem kleinen Rade von 4,5 cm Halbmesser in Verbindung, das seinerseits fest mit der Achse des großen Rades von 35 cm Halbmesser verbunden ist. Welchen Weg hat man zurückgelegt, wenn die Pedalstange sich einmal herumbewegt hat, und wieviel mal muß man sie niedertreten auf 1 km Länge?

g) Eine Schießscheibe weist um einen inneren Kreis 9 konzentrische Kreise auf, deren Halbmesser 2, 3, ... 10 mal so groß sind als der des innersten Kreises. In welchem Verhältnis stehen die Flächeninhalte der Kreisringe zueinander und zum Flächeninhalt des innersten Kreises?

7. Den Flächeninhalt eines Kreises durch seinen Umfang auszudrücken. Beispiel: $p = 36$ cm.

8. Den Umfang eines Kreises durch seinen Inhalt auszudrücken. Beispiel: $I = 63{,}2$ qcm.

9. Welcher Mittelpunktswinkel gehört zu einem Kreisbogen, der gleich dem Radius ist?

10. Welche Bogen beschreiben die Enden der Stunden- und Minutenzeiger einer Uhr von $5^h\,16^m$ bis $6^h\,4^m$, wenn sie 6 cm bzw. 8 cm lang sind, und wie groß sind die von den Zeigern beschriebenen Ausschnitte?

11. In welchem Kreise gehört zu einem Bogen von 10 cm ein Winkel von 10°?

12. Wie groß ist der Mittelpunktswinkel eines Kreisausschnitts, der gleich dem Quadrat des Halbmessers ist?

13. Den Flächeninhalt eines Kreisringes zu berechnen, der von zwei konzentrischen Kreisen mit den Halbmessern r und ϱ $(r > \varrho)$ gebildet wird.

14. Der Flächeninhalt eines Kreisringes ist gleich dem eines Trapezes, dessen Grundlinien gleich den Umfängen der beiden Kreise und dessen Höhe gleich ihrem Abstande ist.

15. Ptolemäischer Lehrsatz. In jedem Kreisviereck ist das Rechteck aus den beiden Diagonalen gleich der Summe der Rechtecke aus je zwei Gegenseiten.

Anleitung: Mache $\sphericalangle ABF = DBC$, zeige, daß $\triangle AFB \sim DCB$ und $CFB \sim DAB$ ist, drücke alsdann mit Hilfe von Proportionen AF und CF durch a, b, c, d, f, g aus und addiere.

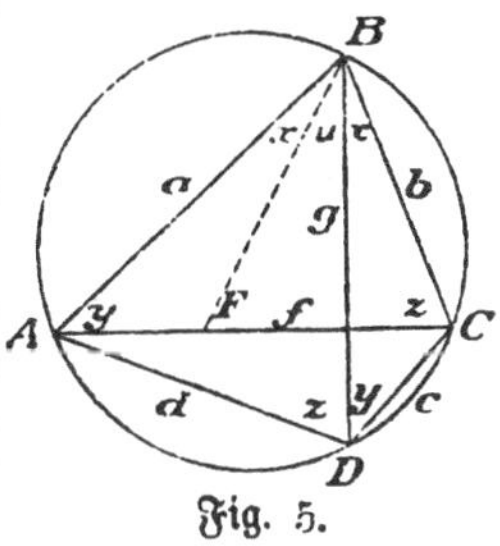

Fig. 5.

16. Der einem rechtwinkligen Dreieck umbeschriebene Halbkreis und die Halbkreise über den Katheten begrenzen zwei sichelförmige Flächen, deren Summe der Dreiecksfläche gleich ist. (Lunulae Hippocratis.)

Zehnter Abschnitt.

Aufgaben aus der algebraischen Geometrie.

§ 40. Übungsaufgaben: 1. Eine Strecke AB (c) in X (innen oder außen) so zu teilen, daß

a) die Differenz der Quadrate über den Abschnitten gleich dem Rechteck aus den letzteren ist;
b) das Quadrat über dem einen Abschnitt doppelt so groß als das Quadrat über dem andern ist;
c) die Quadrate über den Abschnitten sich wie 3 : 2 verhalten;
d) das Rechteck aus den Abschnitten gleich dem Quadrat über einer gegebenen Strecke q ist;
e) das Rechteck aus den Abschnitten gleich dem über c errichteten gleichseitigen Dreieck ist.

2. Ein gegebenes Quadrat zu verwandeln
a) in ein Rechteck mit gegebener Seite a,
b) in ein Rechteck mit gegebener Diagonale d,
c) in ein gleichseitiges Dreieck,
d) in ein regelmäßiges Sechseck,
e) in ein gleichschenkliges Dreieck mit gegebenem Schenkel b.

3. Desgl. für ein gegebenes Rechteck.

4. Ein Quadrat zu zeichnen, von dem
a) die Summe aus Seite und Diagonale ($= s$),
b) die Differenz aus Diagonale und Seite ($= d$)
gegeben ist.

5. Ein gleichseitiges Dreieck zu zeichnen, von dem
a) die Summe aus Seite und Höhe ($= s$),
b) die Differenz aus Seite und Höhe ($= d$)
gegeben ist.

6. Ein Dreieck durch eine Parallele zu einer Seite zu halbieren.

7. Ein Dreieck durch Parallelen zu einer Seite in drei gleiche Teile zu teilen.

8. Ein Dreieck durch eine Parallele zu einer Ecklinie zu halbieren.

9. Von einem Dreieck durch eine Parallele zu einer Ecklinie ein Drittel abzuschneiden.

10. Ein Quadrat zu einem regelmäßigen Achteck abzustumpfen.

11. In einem Dreieck zu einer Seite eine Parallele so zu ziehen, daß sie
a) gleich der Summe der unteren Abschnitte,
b) gleich der Differenz der unteren Abschnitte,
c) die mittlere Proportionale zu den Abschnitten einer der geschnittenen Seiten,
d) die mittlere Proportionale zu den unteren Abschnitten wird.

12. Einen Kreis zu zeichnen, der einem gegebenen Kreisring inhaltsgleich ist.

13. Einen gegebenen Kreis durch einen konzentrischen Kreis zu halbieren.

14. Einen gegebenen Kreis durch zwei konzentrische Kreise in drei gleiche Teile zu teilen.

15. Aus einem gegebenen Kreise einen Ring herauszuschneiden, der einem andern gegebenen Kreise inhaltsgleich ist.

16. Um einen gegebenen Kreis einen Kreisring zu legen, der einem andern gegebenen Kreise inhaltsgleich ist.

17. Einen gegebenen Kreis durch einen konzentrischen Kreis stetig zu teilen.

18. Ein gegebenes Dreieck durch eine Parallele zu einer Seite stetig zu teilen.

Zweiter Teil: Anfangsgründe der ebenen Trigonometrie.

§ 1. Übungen: 1. Die trigonometrischen Funktionen nachstehender Winkel durch Zeichnung entsprechender rechtwinkliger Dreiecke und Messung der Seiten so genau wie möglich zu bestimmen.

a) 32°, b) 58°, c) 73°, e) 20°, f) 80°.

2. Zu den nachstehenden Funktionen die zugehörigen spitzen Winkel durch Zeichnung entsprechender rechtwinkliger Dreiecke zu bestimmen.

a) $\sin\alpha = \frac{3}{5}$, b) $\cos\alpha = \frac{2}{3}$, c) $\operatorname{tg}\alpha = \frac{5}{3}$, d) $\cot\alpha = 2\frac{1}{2}$;
f) $\sin\alpha = 0{,}35$, g) $\cos\alpha = 0{,}78$, h) $\operatorname{tg}\alpha = 1{,}25$, i) $\cot\alpha = 0{,}24$.

3. Aufzuschlagen:

a) $\sin 58^\circ 10'$, b) $\cos 79^\circ 40'$, c) $\operatorname{tg} 13^\circ 30'$, d) $\cot 65^\circ 50'$;
e) $\sin 26^\circ 54'$, f) $\cos 48^\circ 29'$, g) $\operatorname{tg} 32^\circ 18'$, h) $\cot 42^\circ 15'$.

4. Die Winkel aufschlagen zu:

a) $\sin\alpha = 0{,}7392$, b) $\cos\alpha = 0{,}2896$, c) $\operatorname{tg}\alpha = 1{,}756$, d) $\cot\alpha = 0{,}2867$;
e) $\sin\alpha = 0{,}8712$, f) $\cos\alpha = 0{,}4910$, g) $\operatorname{tg}\alpha = 0{,}1392$, h) $\cot\alpha = 1{,}374$.

5. a) Gegeben sei $\sin\alpha = \frac{a}{c}$; die übrigen Funktionen von α durch a und c auszudrücken.

Dasselbe entsprechend für b) $\cos\alpha = \frac{b}{c}$, c) $\operatorname{tg}\alpha = \frac{a}{b}$, d) $\cot\alpha = \frac{b}{a}$.

6. Die übrigen Funktionen von α zu bestimmen, wenn gegeben ist:

a) $\sin\alpha = \frac{3}{5}$, b) $\cos\alpha = \frac{12}{13}$, c) $\operatorname{tg}\alpha = 3\frac{3}{7}$, d) $\cot\alpha = \frac{8}{15}$;
e) $\sin\alpha = \frac{2}{5}.\sqrt{5}$, f) $\cos\alpha = \frac{2}{3}.\sqrt{2}$, g) $\operatorname{tg}\alpha = \frac{1}{2}.\sqrt{21}$, h) $\cot\alpha = \sqrt{15}$;
i) $\sin\alpha = 0{,}4$, k) $\cos\alpha = 0{,}6$, l) $\operatorname{tg}\alpha = 1{,}2$, m) $\cot\alpha = 0{,}5$.

7. Mit Hilfe der Formeln $\sin^2\alpha + \cos^2\alpha = 1$, $\operatorname{tg}\alpha . \cot\alpha = 1$, $\operatorname{tg}\alpha = \sin\alpha : \cos\alpha$ die übrigen Funktionen auszudrücken durch

a) $\sin\alpha$, b) $\cos\alpha$, c) $\operatorname{tg}\alpha$, d) $\cot\alpha$.

8. Mit Hilfe des Bestimmungsdreiecks eines regelmäßigen Zehnecks die Funktionen von 18° und 72° zu bestimmen.

9. Vorbemerkung: Bei geneigtem Gelände wird das „Gefälle" oder die „Steigung" durch ein Verhältnis 1 : l ausgedrückt, worin l die Strecke bedeutet, um die man sich in wagerechter Richtung fortbewegen muß, damit sich die Höhe um 1 ändert. (Bei geringen Steigungen kann man ohne wesentlichen Fehler statt der wagerechten Strecke l auch die in der geneigten Richtung zurückgelegte Strecke nehmen.)

Beispiele: Steigung der Eisenbahnen im Flachland höchstens 1 : 200, im Hügelland bis zu 1 : 100, im Gebirge bis zu 1 : 40; Steigung der Hauptlandstraßen im Flachland höchstens 1 : 40, im Gebirge bis zu 1 : 20; bei Wegen von geringerer Bedeutung bis zu 1 : 10; Fußpfad schon sehr beschwerlich bei 1 : $1\frac{2}{3}$, Truppenbewegungen schon schwierig bei 1 : 2,7; Gefälle des Rheins bei Basel 1 : 1000, bei Mannheim 1 : 9000, bei Köln 1 : 5000; Grenze der Schiffbarkeit bei 1 : 1000 bis 1 : 500.

a) Unter welchem Winkel ist eine Straße geneigt, wenn ihre Steigung 1 : 49 beträgt? Welchen Steigungswinkel erreicht die Bahn von Göttingen über Dransfeld nach Kassel an der steilsten Stelle, wo die Steigung 1 : 64 ausmacht? (s. Taf. II).

b) Wie groß ist die Steigung eines Geländes bei Steigungswinkeln von 1, 2, 3, 4, 5, 10, 15, 20, 25°?

c) Bei einer Reliefkarte sind die Höhen auf das Dreifache überhöht worden. Welche Steigungswinkel treten dadurch an die Stelle der natürlichen Steigungen von 1, 2, 3, 4, 5, 10, 15, 20, 25°, und in welchem Verhältnis sind die Winkel im einzelnen vergrößert?

10. Welchen Winkel bildet in einem Würfel die Körperdiagonale mit einer von derselben Ecke ausgehenden a) Kante, b) Flächendiagonale?

§ 2. Übungen: 1. Ein rechtwinkliges Dreieck (c Hypotenuse) zu berechnen aus:

a) $c = 48$ cm, $\beta = 46^\circ 12'$; b) $c = 16$ m, $b = 7$ m; c) $b = 1246$ m, $\beta = 28^\circ 54'$; d) $a = 8{,}4$ cm, $\beta = 69^\circ 16'$; e) $b = 2{,}6$ m, $a = 3{,}4$ m.

2. Desgleichen aus:

a) $c = 24{,}265$ m, $\beta = 25^\circ 16' 45''$; b) $c = 0{,}852$ m, $b = 0{,}674$ m; c) $b = 43{,}264$ km, $\beta = 57^\circ 0' 26''$; d) $a = 2648{,}7$ m, $\beta = 12^\circ 54' 21''$; e) $b = 87{,}654$ km, $a = 52{,}932$ km.

3. Ein rechtwinkliges Dreieck (Bezeichnung wie in § 38,3) zu berechnen aus:

a) $b = 27$ cm, $h = 21$ cm; b) $h = 6{,}5$ m, $p = 2{,}8$ m; c) $q = 2{,}25$ cm, $\alpha = 63^\circ 18'$; d) $h = 7{,}2$ m, $\beta = 50^\circ 42'$.

4. Ein gleichschenkliges Dreieck (Grundlinie c) zu berechnen aus:
a) $c = 42{,}58$ cm, $\gamma = 43^\circ 56'$; b) $a = 69$ cm, $c = 48$ cm; c) $a = 1{,}654$ m, $h = 0{,}982$ m; d) $b = 12{,}5$ m, $\gamma = 128^\circ 31' 26''$; e) $h = 24$ m, $\gamma = 83^\circ 46'$; f) $h = 9{,}8$ cm, $\beta = 39^\circ 42' 45''$; g) $c = 4832{,}6$ m, $h = 3402{,}1$ m.

5. Wie groß sind die Seite, der kleine Radius und der Flächeninhalt des einem Kreise vom Halbmesser 1 m einbeschriebenen regelmäßigen
a) 20-Ecks, b) 7-Ecks, c) 12-Ecks?

6. Wie groß sind die Seite, der große Radius und der Flächeninhalt des einem Kreise vom Radius 1 m umbeschriebenen regelmäßigen
a) 8-Ecks, b) 9-Ecks, c) 11-Ecks?

7. Die Zahl π soweit als möglich trigonometrisch zu berechnen.

8. Aus einer kreisförmigen Goldplatte (spez. Gewicht der Legierung 17,2) von 1 mm Dicke und 4 cm Durchmesser soll eine Platte in Form eines möglichst großen regelmäßigen Achtecks geschnitten werden a) Wieviel wiegt diese Platte? b) Wie groß ist der Durchmesser einer zweiten regelmäßig-achteckigen Platte von 1 mm Dicke, die aus dem Abfall hergestellt werden kann?

9. Bei senkrechtem Auffallen der Sonnenstrahlen auf eine ebene (rechteckige) Fläche möge diese die Wärmemenge p empfangen; wieviel Wärme empfängt sie in derselben Zeit, wenn sie um 5, 10, 15, . . . 45° aus ihrer Lage gedreht ist? (Tabelle, graphische Darstellung.)

10. Welchen Weg legt ein Ort am Äquator infolge der Achsendrehung der Erde in jeder Sekunde zurück, welchen Weg aber der Heimatort?*)

11. Einen wie langen Schatten wirft auf wagerechter Ebene ein Turm von 48,6 m Höhe, wenn die Sonne $\alpha = 36^\circ 48'$ hoch am Himmel steht?

12. Wie hoch ist ein Turm, der bei einer Sonnenhöhe von $\alpha = 48^\circ 13' 25''$ einen Schatten von 63,2 m Länge auf wagerechter Ebene wirft?

13. Aus der Länge $l = 2{,}5$ m eines auf wagerechter Ebene senkrecht stehenden Stabes und der Länge $s = 4{,}2$ m seines Schattens die Sonnenhöhe zu bestimmen.

14. Um die Breite eines Flusses zu bestimmen, war einem an dem einen Ufer stehenden Pfahl A gerade gegenüber ein Punkt B und senkrecht zu AB eine Standlinie $BC = 48{,}2$ m abgesteckt und der Winkel $BCA = 64^\circ 25'$ gemessen worden. Wie breit ist der Fluß?

15. Von einem Balkon aus erschien eine Fensterbank eines gegenüberliegenden Hauses unter einem Erhebungswinkel von 8°35′. Wie läßt sich hieraus die Breite des dazwischen liegenden (wagerechten) Platzes berechnen, wenn man weiß, daß der Beobachtungspunkt 5½ m, die Fensterbank 14,8 m über dem Straßenpflaster liegt?

16. Von einem Leuchtturm erblickte man ein Schiff unter einem Senkungswinkel von 3° 26′ 13″. Wie weit war es entfernt, wenn der Beobachtungspunkt 63,4 m über der Oberfläche des Meeres liegt (von dessen Krümmung abzusehen ist)?

17. Wieviel km entfallen auf jeden Bogengrad des Äquators und der Parallelkreise in 10°, 20°, . . . 90° Breite?*)

*) Die Erde soll als eine vollkommene Kugel mit einem Halbmesser von 6370 km angesehen werden.

18. Wieviel km oder m muß man am Heimatorte nach N und wieviel km oder m auf dem Parallelkreis nach O gehen, um eine um 1° (1′, 1″) größere Breite oder Länge zu erreichen? *)

19. Zwei gerade Schienenstrecken **), die sich in C treffen würden, sind zwischen den Punkten A und B durch eine Kurve in Form eines Kreisbogens verbunden. a) Welchen Halbmesser und welche Länge hat der Kreisbogen, wenn A und B von C je um 835 m und untereinander um 1428 m entfernt sind? b) Wie groß sind AC, BC und Bogen AB, wenn der Halbmesser des letzteren 1500 m beträgt und $\sphericalangle ACB = 115^\circ 36'$ ist? c) Wie groß ist der Halbmesser des Bogens AB und der Winkel zwischen den Halbmessern nach A und B, wenn das Lot AD von A auf BC 350 m und DB 620 m lang ist?

20. Zwei parallele Schienengeleise **) sollen an den Punkten A und B durch eine s-förmige, aus zwei gleichen Kreisbogen bestehende Kurve verbunden werden. a) Welche Entfernung muß man den Punkten A und B geben, wenn der Abstand der Geleise 2,2 m beträgt und die Kreisbogen 180 m Halbmesser haben sollen? b) Wie lang ist die (krummlinige) Bahn zwischen A und B, wenn das Lot AC von A auf die andere Geleislinie 314 m beträgt und CB 963 m lang ist?

21. Der Querschnitt eines Daches ist ein gleichschenkliges Dreieck, das die Grundlinie mit seinen Schenkeln noch je 40 cm überragt. Wie groß ist der Inhalt der Dachfläche, wenn es bei einer Breite des Hauses von 15,8 m und einer Tiefe von 11,4 m unter Winkeln von 57° ansteigt?

22. Wie groß ist in einem regelmäßigen a) Oktaeder, b) Tetraeder der Neigungswinkel der Seitenkanten und Seitenflächen zur Grundfläche?

§ 3. Übungen. **1.** Ein Dreieck zu berechnen aus:

a) $b = 188{,}7$ m, $\alpha = 64^\circ 13'$, $\gamma = 48^\circ 45'$;
b) $b = 0{,}156$ m, $c = 0{,}255$ m, $\gamma = 125^\circ 54'$;
c) $a = 5$ cm, $b = 4$ cm, $c = 6$ cm;
d) $b = 2{,}4$ m, $c = 3{,}6$ m, $\alpha = 65^\circ 18'$;
e) $a = 47{,}526$ m, $\gamma = 117^\circ 48' 32''$, $\beta = 35^\circ 16' 57''$;
f) $a = 1{,}48$ m, $c = 1{,}2$ m, $\gamma = 48^\circ 37' 10''$,
g) $a = 0{,}82$ m, $b = 0{,}76$ m, $c = 1{,}35$ m;
h) $a = 26{,}5$ m, $c = 14{,}8$ m, $\beta = 32^\circ 17' 44''$.

2. Ein Dreieck zu berechnen aus:

a) $r = 61{,}237$ m, $\alpha = 57{,}408$ m, $\beta = 62^\circ 0' 36''$;
b) $w_c = 84{,}567$ m, $\alpha = 38^\circ 47' 53''$, $\beta = 76^\circ 52' 19''$;
c) $h_c = 13$ cm, $w_c = 14$ cm, $\gamma = 127^\circ 15' 32''$;
d) $b = 19{,}2$ cm, $t_a = 23{,}7$ cm, $\gamma = 56^\circ 17' 12''$;
e) $J = 180{,}26$ qcm, $a = 25{,}7$ cm, $\beta = 47^\circ 7' 55''$.

3. In einem Viereck $ABCD$ ist

a) gegeben: $AB = 5$ cm, $BC = 6$ cm, $CD = 7$ cm, $\sphericalangle ABC = 100^\circ 46' 13''$, $\sphericalangle BCD = 105^\circ 17' 34''$, gesucht: AD.
b) gegeben: $AB = 2{,}1$ m, $AD = 3{,}4$ m, $\sphericalangle BAD = 112^\circ 13'$, $\sphericalangle ABC = 61^\circ 44'$, $\sphericalangle ADC = 76^\circ 25'$, gesucht: AC.

---

*) Siehe Seite 33 Anm. *.
**) Jedes Geleise ist als eine Linie anzusehen.

4. Um die Entfernung zweier durch einen See getrennten Orte A und B zu bestimmen, hat man eine Standlinie $AC = 500$ m und die Winkel $CAB = 46^{\circ}\,13'$ und $ACB = 67^{\circ}\,28'$ gemessen. Wie groß ist AB?

5. Um von A nach dem durch einen Wald verdeckten Ort B eine Straße zu bauen, hat man $AC = 738$ m und $CB = 1142$ m, sowie $\sphericalangle ACB = 82^{\circ}\,16'\,52''$ gemessen. Unter welchem Winkel zu AC muß von A aus die Schneise in den Wald geschlagen werden?

6. Um die Breite eines Flusses, AB, zu bestimmen, hat man von B aus unter einem Winkel von 115° eine Standlinie BC von 264 m Länge angelegt und $\sphericalangle BCA = 26^{\circ}\,18',4$ gemessen. Wie ergibt sich hieraus die Flußbreite?

7. Von zwei Beobachtungsstationen an der Küste A und B, die 1436 m voneinander entfernt sind, wird ein feindliches Kriegsschiff C unter den Winkeln $BAC = 65^{\circ}\,48',2$ und $ABC = 100^{\circ}\,36',8$ erblickt. Wie weit ist es von der in der Mitte zwischen A und B befindlichen Küstenbatterie entfernt?

8. Um die Entfernung zweier unzugänglichen Punkte A und B zu bestimmen, hat man seitwärts eine Standlinie $CD = 256$ m abgesteckt und die Winkel $DCA = 115^{\circ}\,17',2$, $CDA = 40^{\circ}\,37',9$, $DCB = 42^{\circ}\,16'$, $CDB = 98^{\circ}54',1$ gemessen. Wie groß ist AB?

9. In gerader Richtung auf einen Turm ist eine wagerechte Standlinie von 42 m Länge abgesteckt worden, von deren Enden die Spitze des Turmes unter Erhebungswinkeln von $19^{\circ}\,43'$ und $26^{\circ}\,32'$ erscheint. Welche Höhe besitzt der Turm, wenn das beobachtende Auge sich 0,92 m hoch befindet?

10. Von dem Fuße A eines auf einer Anhöhe stehenden Turmes AD sind in gerader Richtung abwärts die Strecken $AB = 56$ m und $BC = 38$ m gemessen und die Winkel $ABD = 31^{\circ}\,58'\,12''$, $ACD = 21^{\circ}\,56'\,48''$ bestimmt worden. Wie hoch ist der Turm, und welche Steigung hat die Gerade CA?

11. Von einem 46 m hohen Turm erscheinen die gegenüberliegenden Ränder eines Sees unter Senkungswinkeln von $7^{\circ}\,31',2$ und $25^{\circ}\,2',8$. Wie breit ist an dieser Stelle der See?

Dritter Teil: Anfangsgründe der Stereometrie.

§ 1. Übungen. 1. Von einem Würfel ist die Flächendiagonale $d = 3{,}5$ cm gegeben.

a) Die Oberfläche und den Rauminhalt zu berechnen;
b) Den Würfel zu zeichnen *);
c) Ein der Oberfläche gleiches Quadrat zu zeichnen *).

2. Die Körperdiagonale eines Würfels ist $D = 4$ cm lang.

a) Wie groß ist seine Oberfläche und sein Rauminhalt?
b) Den Würfel zu zeichnen;
c) Ein der Oberfläche gleiches Quadrat zu zeichnen.

3. Die Oberfläche eines Würfels hat 25 qcm Inhalt.

a) Wie groß ist sein Rauminhalt?
b) Den Würfel zu zeichnen.

4. Wie groß ist die Oberfläche eines Würfels, wenn sein Rauminhalt 896,24 cbm beträgt?

5. Wie viel wiegt ein eiserner Würfel von 8,4 cm Kantenlänge, wenn das spezifische Gewicht des Eisens 7,5 beträgt?

6. Ein würfelförmiger Sandsteinblock wiegt 250,34 kg. Wie lang ist seine Kante, wenn der Sandstein das spezifische Gewicht 2,4 hat?

7. Ein Holzwürfel von 16,5 cm Kantenlänge soll auf einer seiner Flächen mit einer Messingplatte von solcher Dicke versehen werden, daß er gerade im Wasser schwebt. Wie dick muß die Platte sein, wenn das spezifische Gewicht des Holzes 0,8 und das des Messings 8,5 ist?

8. Wieviel wiegt ein rechtkantiger Marmorblock vom spezifischen Gewicht 2,76, wenn seine Kanten 58,6 cm, 37,2 cm und 116,9 cm lang sind?

8a. Wieviel Wasser faßt ein Graben mit senkrecht abfallenden Wänden, wenn er 2,4 m breit, 1,2 m tief und 5,7 m lang ist? Wieviel aber, wenn sich seine Sohle von 2,4 m auf 1,6 m verjüngt?

8b. Ein gerader Damm hat im Querschnitt die Form eines gleichschenkligen Trapezes. Der Damm ist 132 m lang, 2,2 m hoch und oben 3,5 m breit; die Böschungen haben eine Breite von 4,8 m. Wieviel cbm waren zu seiner Aufschüttung nötig?

9. An einem Rechtkant verhalten sich drei anstoßende Kanten wie $1 : 2 : 3$ $(m : n : p)$; wie lang sind sie, wenn der Rauminhalt 0,570642 cbm beträgt?

10. Die Oberfläche eines Rechtkants, dessen Kanten sich $1 : 1\frac{1}{2} : 3$ verhalten, ist gleich einem Rechteck von 10 cm Länge und 8 cm Breite.

a) Die Länge der Kanten zu berechnen;
b) Das Rechtkant zu zeichnen.

---

*) Bei dieser und allen folgenden Zeichnungen darf von Rechnungsergebnissen in bestimmten Zahlen kein Gebrauch gemacht werden.

11. Wie groß ist die Oberfläche eines Würfels, der gleichen Rauminhalt mit einem Rechtkant hat, dessen Kanten $a = 18{,}5$, $b = 32{,}9$, $c = 87{,}6$ cm lang sind?

12. Wie hoch darf eine Mauer höchstens gemacht werden, wenn der von ihr auf 1 qcm der Grundfläche ausgeübte Druck nicht über 2 kg steigen und als spezifisches Gewicht 1,6 gerechnet werden soll? Wie groß ist in diesem Fall das Gesamtgewicht der Mauer, wenn sie 15,2 m lang und 40 cm dick ist?

12a. Wieviel Ziegelsteine erfordert die Errichtung einer Mauer, die $1\frac{1}{2}$ Stein dick, 2,24 m hoch und 26 m lang werden soll? Die Ziegelsteine sind 24,5 cm lang, 11,5 cm breit und 6,5 cm hoch; die Mörtelschicht, die auch als Unterlage dient und die Mauer an dem einen Ende mit dem Hause verbindet, soll zu 1,5 cm Breite gerechnet werden.

13. In einer quadratischen Säule (Rechtkant mit quadratischer Grundfläche) ist die Höhe doppelt so groß als die $a = 3{,}6$ cm langen Grundkanten.

a) Wie lang ist die Körperdiagonale?
b) Welchen Neigungswinkel bildet sie mit der Grundfläche?
c) Die Säule so zu zeichnen, daß die Körperdiagonale und ihr Neigungswinkel in der wirklichen Größe erscheinen.

14. In einer quadratischen Säule ist die Körperdiagonale dreimal so groß als die Grundkanten und die Höhe $c = 6{,}4$ cm lang.

a) Wie groß sind die Grundkanten?
b) Die Säule zu zeichnen;
c) Ein Quadrat zu zeichnen, das dem Mantel der Säule inhaltsgleich ist.

15. In einer quadratischen Säule, bei der die Höhe dreimal so groß ist als die Grundkanten, hat die zwischen zwei parallelen Seitenflächendiagonalen befindliche Diagonalebene 24 qcm Flächeninhalt.

a) Wie groß ist der Rauminhalt der Säule?
b) Die Säule zu zeichnen.

16. Von einer quadratischen Säule kennt man die Körperdiagonale $D = 7$ cm und das Verhältnis der Grundkanten zur Höhe $a : c = 1 : \sqrt{2}$.

a) Den Rauminhalt zu berechnen;
b) Die Säule zu zeichnen.

17. Eine Nickelstange von quadratischem Querschnitt und 11,2 cm Länge hat ein Gewicht von 88,7 g. Wie dick ist sie, wenn das spezifische Gewicht des Nickels 9,1 beträgt?

18. Ein gerades, regelmäßig-dreiseitiges Prisma hat eine Höhe von 7,6 cm und Grundkanten von 4,2 cm Länge.

a) Die Oberfläche und den Rauminhalt zu berechnen;
b) Das Prisma zu zeichnen α) in Stirnstellung, β) in Übereckstellung, γ) auf einer Seitenfläche ruhend, δ) auf einer Seitenkante ruhend.

19. Welche Dicke hat ein Platinblech von der Form eines gleichseitigen Dreiecks mit 0,8 cm langen Seiten, wenn es 0,15 g wiegt und das Platin das spezifische Gewicht 21,5 hat?

20. Ein gerades, regelmäßig-sechsseitiges Prisma hat eine 5,8 cm lange Höhe und 2 cm lange Grundkanten.

a) Die Oberfläche und den Rauminhalt zu berechnen;

b) Das Prisma zu zeichnen α) auf der Grundfläche, β) auf einer Seitenfläche ruhend.

21. Dieselbe Aufgabe für ein gerades, regelmäßig-fünfseitiges Prisma zu lösen.

§ 2. Übungen: 1. Eine gerade quadratische Pyramide aus Sandstein (sp. Gew. 2,3) hat Grundkanten von 58 cm und Seitenkanten von 117 cm Länge. Wie groß ist ihr Gewicht?

2. An einer geraden quadratischen Pyramide sind die Seitenkanten doppelt so lang als die 4,2 cm langen Grundkanten. a) Die Oberfläche und den Rauminhalt zu berechnen; b) Die Pyramide zu zeichnen; c) Die Neigungswinkel der Seitenkanten und der Seitenflächen zur Grundfläche zu berechnen und zu zeichnen.

3. Der Mantel einer geraden quadratischen Pyramide, deren Grundkanten 3,8 cm lang sind, hat 50 qcm Flächeninhalt. a) Den Rauminhalt zu berechnen; b) Die Pyramide zu zeichnen.

4. Ein Hohlgefäß in Form einer geraden quadratischen Pyramide mit lauter gleichen Kanten faßt gerade 1 l Wasser. a) Wie lang sind die Kanten? b) Wie hoch steht $\frac{1}{2}$ l Wasser darin?

5. An einer geraden, regelmäßig-dreiseitigen Pyramide verhalten sich die Seitenkanten zu den Grundkanten wie 3 : 2; die Grundkanten sind 5,1 cm lang. a) Die Oberfläche und den Rauminhalt zu berechnen; b) Die Pyramide zu zeichnen; c) Die Neigungswinkel der Seitenkanten und der Seitenflächen zu berechnen und zu zeichnen; d) Den Neigungswinkel zweier Seitenflächen zu berechnen und zu zeichnen.

6. Der Mantel einer geraden, regelmäßig-dreiseitigen Pyramide, deren Seitenkanten zweimal so groß als die Grundkanten sind, hat 54 qcm Flächeninhalt. a) Die Höhe und den Rauminhalt zu berechnen; b) Die Pyramide zu zeichnen.

7. Ein regelmäßiges Oktaeder hat Kanten von $a = 3{,}6$ cm Länge. a) Die Oberfläche und den Rauminhalt zu berechnen; b) Das Oktaeder zu zeichnen; c) Ein Quadrat zu zeichnen, dessen Flächeninhalt gleich der Oberfläche des Oktaeders ist; d) Die Neigungswinkel der Seitenkanten und der Seitenflächen zur Grundfläche zu berechnen und zu zeichnen.

8. Die Oberfläche eines regelmäßigen Oktaeders faßt 56 qcm. a) Den Rauminhalt zu berechnen; b) Das Oktaeder zu zeichnen.

9. Wie lang sind die Kanten eines regelmäßig ausgebildeten oktaedrischen Flußspatkristalls (sp. Gewicht 3,2), wenn er 6,384 g wiegt?

10. Die Kanten eines regelmäßigen Tetraeders sind $a = 4{,}3$ cm lang. Aufgaben wie bei 7.

11. Die Oberfläche eines regelmäßigen Tetraeders hat 35 qcm Inhalt. Aufgaben wie bei 8.

12. Die Höhe eines regelmäßigen Tetraeders ist 5,4 cm lang. a) Die Oberfläche zu berechnen; b) Das Tetraeder zu zeichnen.

13. An einer geraden, regelmäßig-achtseitigen Pyramide ist die Grundfläche einem Kreise von 3 cm Halbmesser einbeschrieben und die Höhe 6 cm lang. a) Den Rauminhalt zu berechnen; b) Die Pyramide zu zeichnen;

c) Die Neigungswinkel der Seitenkanten und der Seitenflächen zur Grundfläche zu berechnen und zu zeichnen.

14. Ein Hohlgefäß von der Form eines regelmäßigen Tetraeders faßt 348 ccm Wasser. Wieviel Wasser muß ausgegossen werden, damit es nur halb so hoch steht?

§ 3. Übungen. 1. Eine Marmorsäule mit kreisförmigem Querschnitt hat einen Durchmesser von 48,2 cm und eine Höhe von 2,36 m Länge. Wieviel wiegt sie, wenn der Marmor das spezifische Gewicht 2,76 hat?

2. Ein Zylinder hat bei einem Rauminhalt von $V = 0{,}044$ cbm einen Mantel von $M = 0{,}38$ qm. Wie groß sind Halbmesser und Höhe?

3. Eine stählerne Welle von 20 cm Durchmesser und $1\frac{1}{2}$ m Länge wiegt 363 kg. Wie ergibt sich hieraus das spezifische Gewicht des verwandten Stahls?

4. Eine hohle eiserne Walze hat einen äußeren Durchmesser von 1,2 m, eine Wandstärke von 2,2 cm und eine Länge von 0,86 m. Wie schwer ist sie, wenn das spezifische Gewicht des Eisens 7,6 beträgt?

5. Der Mantel eines geraden Zylinders mit quadratischem Achsenschnitt faßt 238,56 qcm. Wie groß ist sein Rauminhalt?

6. Der Rauminhalt eines geraden Zylinders, dessen Höhe doppelt so groß ist als sein Durchmesser, beträgt 968,706 ccm. Wie groß ist seine Oberfläche?

7. Ein zylindrisches Hohlgefäß soll gerade 1 l fassen; welche Maße sind ihm zu geben, wenn sich Durchmesser und Höhe wie 2 : 3 verhalten sollen?

8. Einem Würfel, dessen Oberfläche 144 qcm beträgt, ist ein Zylinder einbeschrieben.

a) Die Oberfläche und den Rauminhalt des Zylinders zu berechnen;
b) Den Würfel mit dem Zylinder zu zeichnen.

9. Einem Würfel, dessen Kanten $a = 3{,}9$ cm lang sind, ist ein Zylinder umbeschrieben.

a) Den Mantel und den Rauminhalt des Zylinders zu berechnen;
b) Den Würfel mit dem Zylinder zu zeichnen.

10. Eine gerade quadratische Säule von 45,6 cm Dicke und 1,2 m Länge soll so zylindrisch ausgebohrt werden, daß die geringste Wandstärke an allen vier Seiten noch 6,9 cm beträgt. Welchen Rauminhalt hat die durchbohrte Säule?

11. Ein zylindrischer Eisenstab (spezifisches Gewicht 7,6) von 3,5 cm Dicke und 58 cm Länge soll mit möglichst geringem Verlust so abgefeilt werden, daß er einen regelmäßig-dreiseitigen Querschnitt bekommt. Wieviel wiegt der Abfall?

12. Wie groß ist der Mantel und der Rauminhalt eines geraden Kegels, dessen Halbmesser 18,2 cm und dessen Höhe 67,8 cm lang sind?

13. An einem geraden Kegel verhalten sich Halbmesser und Seite wie 2 : 5. Wie groß ist sein Rauminhalt, wenn die Oberfläche 856,09 qcm faßt?

14. Ein 52,6 cm hoher gerader Kegel hat einen Rauminhalt von 6073,8 ccm. Wie lang ist seine Seite?

15. Ein Trichter in Form eines geraden Kegels mit gleichseitigem Achsenschnitt soll gerade 1 kg Wasser fassen. Welche Maße muß man ihm geben?

16. Dieselbe Aufgabe für den Fall zu lösen, daß er 1 kg Quecksilber (spezifisches Gewicht 13,5) fassen soll.

17. Der Mantel eines geraden Kegels mit rechtwinklig-gleichschenkligem Achsenschnitt faßt 1702,74 qcm. Wie groß ist seine Höhe?

18. An einem geraden Kegel von 19,5 cm Höhe beträgt der Winkel an der Spitze des Achsenschnitts 54° 17′ 36″. Wie groß ist sein Mantel und sein Rauminhalt?

19. Ein Hohlgefäß in Form eines geraden Kegels hat an der Spitze des Achsenschnitts einen Winkel von 129° 43′ 18″. Welche Seitenlinie ist ihm zu geben, wenn es gerade 25 l fassen soll, und welches ist der Mittelpunktswinkel des abgewickelten Mantels?

20. Wie groß ist der Rauminhalt eines Kegels, dessen Mantel aus einem Halbkreis von 20 cm Durchmesser gebogen werden kann?

21. Wie groß sind der Mantel und der Rauminhalt der quadratischen Pyramide, die einem geraden Kegel von gleichseitigem Achsenschnitt und dem Halbmesser $r = 3{,}4$ cm einbeschrieben ist? Die Pyramide ist mit dem Kegel zu zeichnen.

22. Wie groß ist der Rauminhalt des Doppelkegels, der einem regelmäßigen Oktaeder von 5,2 cm Kantenlänge einbeschrieben ist?

23. Die entsprechende Aufgabe für ein regelmäßiges Tetraeder zu lösen.

24. Wieviel wiegt eine Glaskugel (spezifisches Gewicht 2,56) von 5,6 cm Durchmesser?

25. Eine Elfenbeinkugel von 6,8 cm Durchmesser wiegt 306,2 g. Wie groß ist das spezifische Gewicht des verwandten Elfenbeins?

26. Der Äquator der Erde mißt (nach Bessel) 40 070 km. Wie groß ist, wenn die Erde als eine vollkommene Kugel angesehen wird, hiernach ihre Oberfläche und ihr Rauminhalt?

27. Wie verhalten sich zueinander:

a) die Oberflächen,

b) die Rauminhalte der einem Würfel um- und einbeschriebenen Kugeln?

28. Wie verhalten sich zueinander:

a) die Oberflächen,

b) die Rauminhalte der Kugeln, die einem Zylinder von quadratischem Achsenschnitt um- und einbeschrieben werden können?

Vierter Teil: Übungen im perspektivischen Zeichnen.

A. Schiefe Parallelprojektion.*)

§ 1. Aufgabe 1: Einen Würfel, dessen Kante a gegeben ist, in Stirnstellung zu zeichnen ($\varphi = 45^0$, $q = \frac{1}{2}$).

Übungen: 1. Welche Kanten des Würfels erscheinen im Bilde in der wirklichen Lage und Größe, welche Flächen in der wahren Größe und Gestalt?

2. Eine Diagonalebene in der wahren Gestalt und Größe zu zeichnen.

3. Die Mittelpunkte der Würfelflächen zu bestimmen und das eingeschriebene regelmäßige Oktaeder mit seinen Achsen zu zeichnen.

4. Einen Pyramidenwürfel mit vorgeschriebener Pyramidenhöhe zu zeichnen.

5. Ein Rhombendodekaeder zu zeichnen $\left(\text{Pyramidenhöhe gleich } \frac{a}{2}\right)$.

6. Dem Würfel ein regelmäßiges Tetraeder einzuzeichnen.

7. In den vorstehenden Fällen Kanten, Winkel und Flächen, die in der Zeichnung nicht in der wirklichen Größe (und Gestalt) erscheinen, in solcher zu zeichnen.

8. Die Netze der gezeichneten Körper zu entwerfen.

Aufgabe 2: Einen Würfel in Übereckstellung zu zeichnen ($\varphi = 45^0$, $q = \frac{1}{2}$), wenn seine Flächendiagonale d gegeben ist.

Übungen ähnlich wie zu Aufgabe 1.

§ 2. Aufgabe 3: Ein regelmäßiges Oktaeder in Stirnstellung zu zeichnen ($\varphi = 30^0$, $q = \frac{1}{3}$), wenn die Kante a gegeben ist.

Bemerkung zur Lösung: Die Länge der Achsen kann mit Hilfe eines Grundrisses bestimmt werden.

Übungen: 1. Welche Oktaederkanten erscheinen im Bilde in der wirklichen Größe?

2. Wo ist der Neigungswinkel der Seitenflächen gegen die Grundfläche in der Figur leicht in der richtigen Größe zu zeichnen?

Aufgabe 4: Ein regelmäßiges Oktaeder in Übereckstellung zu zeichnen ($\varphi = 30^0$, $q = \frac{1}{3}$), wenn seine Achse d gegeben ist, und das zugehörige regelmäßige Tetraeder zu konstruieren.

*) Vgl. auch die Aufgaben zur Stereometrie S. 36–40.

Aufgabe 5: Ein regelmäßiges Tetraeder in Stirnstellung zu zeichnen ($\varphi = 45^0$, $q = \frac{1}{2}$), wenn die Kante a gegeben ist.

Anleitung: Mit Hilfe des Grundrisses ist zunächst die Länge der Flächen- und der Körperhöhe zu bestimmen.

Übung: Den Flächenwinkel an den Kanten in der wirklichen Größe zu zeichnen.

Aufgabe 6: Ein Ikositetraeder mit dem Parameterverhältnis 1 : 2 : 2 zu zeichnen ($\varphi = 45^0$, $q = \frac{1}{2}$).

Aufgabe 7: Eine hexagonale Doppelpyramide zu zeichnen ($\varphi = 30^0$, $q = \frac{1}{2}$), wenn die Grundkante a und die Höhe h gegeben sind.

Aufgabe 8: Eine dreiseitige Ecke nach ihrem Netz zu zeichnen ($\varphi = 45^0$, $q = \frac{1}{2}$). Gegeben die Seiten der Ecke gleich 70°, 65° und 55°.

Aufgabe 9: Einen geraden Zylinder zu zeichnen ($\varphi = 90^0$, $q = \frac{1}{2}$).

Aufgabe 10: Einen geraden Kegel zu zeichnen ($\varphi = 90^0$, $q = \frac{1}{3}$).

Aufgabe 11: Von einer Kugel den Äquator sowie die beiden Meridiane zu zeichnen, die zur Zeichenebene parallel bzw. senkrecht sind ($\varphi = 90^0$, $q = \frac{1}{2}$; $\varphi = 30^0$, $q = \frac{1}{3}$).

B. Rechtwinklige Projektion.

Π_1 Grundrißebene, Π_2 Aufrißebene; P', g' Grundriß, P'', g'' Aufriß des Punktes P, bzw. der Geraden g, A Schnittpunkt der Ebene $P'PP''$ mit der Achse.

§ 3. Projektionen eines Punktes.

Übungen: 1. Was für eine Figur ist $PP'AP''$?

2. Welche Seiten dieser Figur zeigen an, um wieviel der abgebildete Punkt über Π_1 und vor Π_2 liegt?

3. Welche Lage haben die Projektionen eines Punktes, der a) in Π_1, b) in Π_2, c) in der Achse liegt?

§ 4. Projektionen einer Geraden.

Übungen: 1. Zeichne die Projektionen einer Geraden, die a) parallel zur Achse ist, b) senkrecht auf Π_1, c) senkrecht auf Π_2 steht, d) parallel Π_1, e) parallel Π_2 läuft, f) die Achse schief, g) senkrecht schneidet, h) in einer zur Achse senkrechten Ebene liegt, i) eine andere, beliebige Lage hat?

2. Bestimme in den einzelnen Fällen von 1. die Durchstoßpunkte (soweit es möglich ist).

3. Zeichne in Π_1 und Π_2 Geraden, die die Projektionen einer Geraden sein können und stelle dir danach diese Gerade im Raum vor.

4. Von einer Geraden g sind g' und g'' gegeben, ebenso P' auf g' als Grundriß von P auf g. Wie findet man P''?

5. Die Projektionen eines Punktes P sind gegeben; die Projektionen einer Geraden zu zeichnen, die durch P geht und eine der Bedingungen in 1. erfüllt.

6. Wie kann man an den Projektionen zweier Geraden erkennen, ob diese sich schneiden, parallel oder windschief sind?

§ 5. Aufgaben: **1.** Grund- und Aufriß eines Würfels zu zeichnen a) in Stirnstellung, b) gedreht um seine zu Π_1 senkrechte Achse, c) gedreht um seine zu Π_2 senkrechte Achse.

Anleitung: Beginne stets mit der Projektion, die als Quadrat erscheint.

2. Ein Rechtkant in Grund- und Aufriß abzubilden in Fällen wie bei 1.

3. Desgl. ein regelmäßiges Oktaeder a) in Stirnstellung, b) um die senkrechte Achse gedreht.

4. Desgl. eine gerade quadratische Pyramide (wie bei 3).

5. Desgl. ein gerades regelmäßig-dreiseitiges Prisma a) stehend (wie bei 3), b) liegend (auf einer Fläche oder auf einer Kante schwebend), die Seitenkanten senkrecht zu Π_2.

6. Desgl. ein gerades regelmäßig-sechsseitiges Prisma (wie bei 5).

7. Desgl. einen geraden Zylinder (stehend oder liegend).

8. Desgl. einen geraden Kegel.

9. Desgl. eine Kugel.

Fünfter Teil: Übungen zur graphischen Darstellung.

§ 1. Übungen: 1. Lies und vergleiche die Linien in Tafel I (Tabellen s. S. 55), die die Auswanderung von 1872—1913 darstellen:

c : Zahl der deutschen Auswanderer überhaupt,
f : Zahl der über deutsche Häfen auswandernden Fremden,
e + f : Gesamtauswanderung über deutsche Häfen.
1 Jahr = 3 mm, 10 000 Auswanderer = 1 mm.

2. Stelle nach der Tabelle (d) durch eine Linie die Gesamtauswanderung von Deutschen in ‰ der Bevölkerung (b) dar.

3. Stelle durch eine Linie (f — e) den Überschuß der fremden über die einheimische Auswanderung dar, soweit sie über deutsche Häfen stattfindet.

4. Lies und vergleiche in Tafel I (Tabellen s. S. 55) die Linien, die die Entwicklung des deutschen auswärtigen Handels darstellen:

g und h: Einfuhr und Ausfuhr des gesamten Handels (Generalhandels) nach Gewicht in Millionen Tonnen,
i und k: Einfuhr und Ausfuhr von Waren in den freien bzw. aus dem freien Verkehr des Zollgebiets (Spezialhandel) nach dem Wert in Millionen Mark.
1 Jahr = 3 mm, 1 Mill. Tonnen = 1 mm, 1 Mill. Mark = 1 mm.

5. Stelle Linien her nach dem Gewicht und nach dem Wert
1. für den Gesamthandel (Einfuhr + Ausfuhr),
2. für den Überschuß der Einfuhr über die Ausfuhr,
3. für die Einfuhr
4. für die Ausfuhr
5. für den Gesamthandel
} im Vergleich mit der Bevölkerungsziffer.

6. Lies und vergleiche die Linien in Tafel I (Tabellen s. S. 56), die die Entwicklung der deutschen Seeschiffahrt (ohne Kriegsmarine) darstellen. (Berücksichtigt sind nur Schiffe mit mehr als 50 cbm = 17,65 Register-Tons Rauminhalt.)

m und n: Zahl und Raumgehalt der Segel- und Schleppschiffe,
p und q: Zahl und Raumgehalt der Dampfschiffe,
s und t: Zahl und Raumgehalt der Seeschiffe überhaupt.
1 Jahr = 3 mm, 100 Schiffe = 1 mm, 100 000 Reg.-Tons = 1 mm.

7. Stelle Linien her für:
1. die Besatzung nach o, r und u,
2. den durchschnittlichen Raumgehalt der Schiffe,
3. den Raumgehalt im Vergleich mit der Bevölkerung,
4. den Raumgehalt im Vergleich mit der Besatzung,

5. den Raumgehalt im Vergleich mit dem auswärtigen Gesamthandel (vgl. 5,1),
6. die Besatzung im Vergleich mit der Bevölkerung.

8. Lies den graphischen Eisenbahnfahrplan in Tafel II. Die Linien mit Zahlen unter 1000 stellen Personenzüge, mit solchen über 1000 Güterzüge (doppeltlinig Eilgüterzüge, gestrichelt Bedarfszüge dar).

1. Woran ist das auch sonst zu erkennen?
2. Bilde dir ein Urteil über die Höhenverhältnisse der Bahn.
3. Desgl. über die Geschwindigkeit der Züge.
4. Wann und wo begegnen sich Züge?
5. Welches ist die durchschnittliche Geschwindigkeit eines jeden Zuges vor und nach der Steigung?

9. Entwirf einen dem oberen Teil der Tafel II entsprechenden graphischen Fahrplan für irgendeine Eisenbahnstrecke nach dem Fahrplanbuch.

10. Stelle auf Grund der Tabelle S. 57*) Linien her für

1. die Ernteflächen
2. die Gesamterntemenge
3. den Überschuß der Einfuhr über die Ausfuhr

} von Roggen und Weizen,

4. den Ernteertrag im Vergleich mit der Fläche,
5. die Ernteflächen
6. die Gesamterntemenge
7. den Überschuß der Einfuhr über die Ausfuhr

} im Vergleich zur Bevölkerungsziffer,

8. den Großhandelspreis von Roggen und Weizen.

11. Stelle auf Grund der Tabelle S. 57 Linien her für die Gewinnung, die Einfuhr, Ausfuhr, den Gesamtverbrauch, den Verbrauch auf den Kopf der Bevölkerung a) von Steinkohlen, b) von Roheisen.

12. Stelle auf Grund der Tabelle S. 57 Linien her für den Verbrauch an Baumwolle, Kaffee, Reis und Tee im ganzen und auf den Kopf der Bevölkerung.

13. Stelle auf Grund der Tabelle S. 58 Linien her für die mittlere Lufttemperatur des Jahres 1906 für Aachen, Breslau, Borkum, Cassel, München und den Durchschnitt von 37 Stationen.

14. Benutze in entsprechender Weise die in derselben Tabelle für die Jahre von 1895—1906 angegebenen Durchschnittswerte zu Jahreskurven oder Monatskurven.

§ 2. Übungen: Die nachstehenden Funktionen nach Aufstellung einer Zahlentabelle innerhalb des angegebenen Bereichs graphisch darzustellen. Dabei ist zu beachten, daß dort, wo die Endpunkte der Ordinaten zu weit auseinanderliegen, noch hinreichend viel Zwischenwerte eingeschoben werden müssen. Falls die Werte der Ordinaten die für das Zeichenblatt gegebenen Grenzen überschreiten, ist es zweckmäßig, für Abszissen und Ordinaten eine kleinere Längeneinheit als 1 cm zu wählen, im Notfall auch für die Ordinaten eine kleinere Längeneinheit als für die Abszissen, obwohl dadurch das Steigungsverhältnis anders wird.

---

*) Die Zahlen der Tabelle beziehen sich, wie auch in den folgenden Aufgaben, auf das Deutsche Reich.

Alsdann sind die entstandenen Linien genau zu prüfen (auch hinsichtlich der Bedeutung für die y) auf Steigen und Fallen, höchste und tiefste Punkte, Schnitte mit der x- und y-Achse, Berührungen der Achsen, Anschmiegen an gerade Linien usw.

1. $y = x + 3$ für $-7 < x < 4$;
2. $y = 7 - x$ für $-3 < x < 10$;
3. $y = 4x$ für $-2 < x < 3$;
4. $y = 3x + 2$ für $-3 < x < 3$;
5. $y = 12 - 4x$ für $-1 < x < 4$;
6. $y = \frac{1}{3} x$ für $-6 < x < 5$;
7. $y = \frac{3}{4} x$ für $-6 < x < 6$;
8. $y = \frac{1}{2} x + 6$ für $-6 < x < 6$;
9. $y = 11 - \frac{1}{7} x$ für $-4 < x < 4$;
10. $y = \frac{x + 4}{5}$ für $-6 < x < 6$;
11. $y = \frac{3}{4}(5 - x)$ für $-6 < x < 6$;
12. $y = \frac{12}{x}$ für $-6 < x < 6$;
13. $y = \frac{3}{x} + 7$ für $-6 < x < 6$;
14. $y = \frac{1}{2} - \frac{5}{x}$ für $-6 < x < 6$;
15. $y = \frac{3}{5(x - 4)}$ für $-4 < x < 10$;
16. $y = \frac{2x - 7}{3x + 5}$ für $-6 < x < 6$;
17. $y = \frac{4x + 5}{4x - 5}$ für $-6 < x < 6$;
18. $y = \frac{5 - 3x}{4 - x}$ für $-4 < x < 7$;
19. $y = 5x^2$ für $-5 < x < 5$;
20. $y = \frac{3}{2} x^2 - 5$ für $-5 < x < 5$;
21. $y = 2x^2 - 4x + 5$ für $-5 < x < 5$;
22. $y = x^2 - x - 2$ für $-5 < x < 6$;
23. $y = x^2 + 3x + 2\frac{1}{4}$ für $-5 < x < 5$;
24. $y = x^3$ für $-4 < x < 4$;
25. $y = 2x^3 - 3$ für $-3 < x < 3$;
26. $y = 2x^3 - x + 9$ für $-3 < x < 3$;
27. $y = x^3 + 2x^2 - 5x - 6$ für $-5 < x < 5$;
28. $y = x^3 - 1\frac{1}{2}x^2 - 4\frac{1}{2}x + 5$ für $-4 < x < 5$;
29. $y = \frac{16}{x^2}$ für $-6 < x < 6$;
30. $y = \frac{3x^2 - 1}{x - 4}$ für $-6 < x < 8$;
31. $y = \frac{2x - 7}{x^2 - x - 2}$ für $-4 < x < 10$;
32. $y = \sqrt{x + 5}$ für $-5 < x < 8$;
33. $y = \sqrt{16 - x^2}$ für $-4 < x < 4$;
34. $y = \sqrt[3]{x}$ für $-6 < x < 6$;
35. $y = \sqrt[3]{32 - 2x^2}$ für $-4 < x < 4$;
36. $y = 3^x$ für $-4 < x < 2$;
37. $y = \log x$ für $0 < x < 14$;
38. $y = \sin x$ für $0^\circ < x < 180^\circ$;
39. $y = \cos x$ für $0^\circ < x < 180^\circ$;
40. $y = \operatorname{tg} x$ für $0^\circ < x < 180^\circ$;
41. $y = \cot x$ für $0^\circ < x < 180^\circ$.

§ 3. Verwendung zum Potenzieren und Radizieren.

Übungen: 1. Benutze die Kurven $y = x^2$ und $y = x^3$ zum Potenzieren mit 2 und 3 und die Kurven $y = \sqrt{x}$ und $y = \sqrt[3]{x}$ (oder auch die ersteren) zum Radizieren durch 2 und 3.

2. Wie ändert sich die Kurve, wenn zu der Funktion noch ein konstantes Glied hinzutritt (z. B. $y = x^2 \pm 3$)?

3. Wie ändert sich die Kurve, wenn zu der Funktion noch ein konstanter Faktor hinzutritt (z. B. $y = \pm 2x^2$), insbesondere auch der Faktor -1?

4. In welcher Beziehung steht die Kurve $y = x^2$ zu $y = \sqrt{x}$ und $y = x^3$ zu $y = \sqrt[3]{x}$?

Anleitung: Die zweitgenannte Funktion geht jedesmal aus der ersten hervor; wenn man y mit x vertauscht. Weshalb erhält man aber das Bild der zweiten Funktion nicht ohne weiteres durch Vertauschung der Achsen? Achte dabei auf die Vorzeichen in den Quadranten.

§ 4. Auflösung linearer Gleichungen mit zwei Unbekannten.

Übungen: Löse folgende Gleichungen auf graphischem Wege:

1. $y = \frac{1}{2}x - 6$; $y = 2x + 1$;
2. $3x + 4y = 2$; $2x - y = 4$;
3. $\frac{1}{4}x - \frac{1}{3}y = 2$; $\frac{2}{3}x + \frac{3}{2}y = 6$.

§ 5.

Aufgabe: Die Funktion $y = x^2 + ax + b$ graphisch darzustellen.

Beispiele:
1. $y = x^2 - 9$ für $-4 < x < +4$;
2. $y = x^2 + 4$ für $-3 < x < +3$;
3. $y = x^2 - 2x$ für $-2 < x < +4$;
4. $y = x^2 + 2x$ für $-4 < x < +2$;
5. $y = x^2 + x - 6$ für $-5 < x < +4$;
6. $y = x^2 + 4\frac{1}{2}x + 2$ für $-6 < x < +2$;
7. $y = x^2 - 4\frac{3}{5}x + 4\frac{8}{25}$ für $-1 < x < +5$;
8. $y = x^2 - 2x + 4$ für $-2 < x < +4$.

Übungen: 1. Welche Lage hat der tiefste Punkt der Kurve zu den Schnittpunkten auf der x-Achse (falls solche vorhanden sind)?

2. Welche Lage hat die Kurve zu der durch den tiefsten Punkt gezogenen Senkrechten?

3. Welche besondere Lage hat die Kurve, a) wenn das lineare Glied fehlt (Beisp. 1 u. 2), b) wenn das absolute Glied fehlt (Beisp. 3 u. 4)?

4. Welche Bedeutung hat das absolute Glied für die Kurve? Vergleiche das auf der y-Achse abgeschnittene Stück.

5. Welche Bedeutung hat das Vorzeichen des linearen Gliedes für die Lage der Symmetrieachse zur y-Achse?

§ 6. Auflösung quadratischer Gleichungen mit einer Unbekannten.

a) mittels graphischer Darstellung der Funktion $y = x^2 + ax + b$.

Übung: Stelle in den Beispielen des § 5 die Werte von x fest, für die $y = 0$ wird, soweit solche reellen Werte vorhanden sind.

b) mittels graphischer Darstellung der Funktionen $y = x^2$ und $y = -ax-b$.

Übungen: 1. Wende dieses Verfahren auf die Beispiele des § 5 an.

2. Überlege allgemein, welche Lage die Gerade $y = -ax - b$ zu der feststehenden Kurve $y = x^2$ haben kann und was daraus für die Wurzeln der Gleichung $x^2 + ax + b = 0$ folgt.

Sechster Teil:

Praktische Aufgaben aus der Feldmeßkunst.

Vorbemerkungen: **1.** Zum Feldmessen einschließlich Nivellieren und Höhenmessen gebraucht man Geräte

a) zum Festlegen von Punkten und Linien: Fluchtstäbe (Absteckstäbe, Baken);

b) zum Messen von Strecken: Meßlatten von 5 m, Meßbänder oder Meßketten von 20 m Länge; Nivellierlatte (für Höhenmessungen);

c) zum Anlegen von rechten Winkeln: Rechter Winkel aus Holz mit Schenkeln von $^3/_4$ und $1\frac{1}{2}$ m oder nach dem Verhältnis 3 : 4 : 5 geteilte Schnur oder Winkelkreuz (Kreuzscheibe) oder Winkelspiegel oder Winkelprisma;

d) zum Messen oder Anlegen beliebiger Winkel: Ohmannscher Feldwinkelmesser oder Winkeltrommel oder Spiegelsextant oder Theodolit;

e) zur Prüfung oder Festlegung lotrechter oder wagerechter Geraden: Senklot (Senkel); Setzwage, Libelle, Kanalwage;

f) zur unmittelbaren Aufnahme von Plänen: Meßtisch mit Diopterlineal oder Kippregel.

2. Strecken, die gemessen werden sollen, sind zweckmäßig vorher nach Augenmaß und auch durch Abschreiten zu schätzen, nachdem die Schrittlänge, die übrigens nicht allein von der Körpergröße, sondern auch von der Beschaffenheit und Neigung des Bodens abhängt, durch Versuche ermittelt ist; entsprechend ist zu verfahren, wenn Strecken von gegebener Länge im Gelände festgelegt werden sollen. Auch bei Winkeln lassen sich Schätzungen ermöglichen, wenn man, im Scheitel stehend, den Körper den Winkel durch eigene Drehung beschreiben läßt oder die Schenkel durch kurze Striche auf dem Boden andeutet.

Zu jeder Aufgabe ist nach den Angaben vorher ein Plan zu entwerfen.

3. Bei den folgenden Aufgaben bedeutet M, daß die Aufgabe ohne Winkelmeßwerkzeuge ausgeführt werden kann, R und W, daß Geräte zum Messen rechter oder beliebiger Winkel notwendig sind. Der beigefügte Paragraph ist der der Planimetrie (aus der Unterstufe von Mehlers Hauptsätzen, Ausg. B mit Übungen), der zum mathematischen Verständnis der Ausführung vorher erledigt sein muß.

A. Einfache Messungen von Strecken; Einweisen und Einrichten von Punkten.

1. Die Entfernung zweier Punkte A und B (in wagerechter Ebene, wie auch bei den folgenden Aufgaben vorausgesetzt) bei geringem Abstande zu messen. (M, § 5.)

Bemerkung: Beim Aneinanderlegen der Meßlatten ist darauf zu achten, daß sie genau die Richtung AB einhalten und ihre Schneiden sich an der Berührungsstelle rechtwinklig kreuzen.

2. Desgl., wenn die Entfernung so groß ist, daß Meßband oder -Kette nicht ausreicht.

a) Wenn A von B (oder umgekehrt) anvisiert werden kann, durch „Einweisung" eines oder mehrerer Punkte zwischen A und B und Messung der Teilstrecken (M, § 13).

b) Andernfalls stellt man einen Fluchtstab C ungefähr in der Richtung AB auf und weist einen Punkt D zwischen C und B ein; erweist sich nun beim Visieren von D aus DC auf A gerichtet, so ist C richtig getroffen, wenn nicht, so ist mit D gerade so zu verfahren, wie vorher mit C, also ein Punkt E zwischen D und A einzuweisen usw. (M, § 13).

3. Eine Strecke AB zu halbieren, zu dritteln usw.

Nach erfolgter Messung werden die Teile abgetragen (M, § 11, bzw. 13).

4. Eine Strecke AB zu verlängern.

a) Falls von A über B hinaus visiert werden kann, durch „Einrichten" eines Punktes in der Verlängerung (M, § 13).

b) Andernfalls nach vorhergehender Einweisung eines geeigneten Punktes zwischen A und B (M, § 13).

c) Falls auch dies nicht möglich, legt man seitwärts einen Punkt C fest, verlängert AC und BC um sich selbst bis D und E und nimmt auf der Verlängerung von DE einen Punkt F an; alsdann verlängert man FC um sich selbst bis G (M, § 49 oder 64); oder

d) Man mißt von A aus die Strecken AC und CD auf einer Geraden ab und zieht durch D die Parallele zu CB, auf der man eine Strecke DE abträgt, die sich aus $DE : CB = AD : AC$ ergibt (Aufgabe 8 und § 123).

5. Eine Strecke AB um sich selbst oder um eine gegebene Länge zu verlängern.

Nach Erledigung von 4 Abtragung der betreffenden Länge (M, § 13).

B. Lagebestimmung einer Geraden zu einer anderen Geraden.

6. In einem Punkt C einer Geraden AB das Lot auf ihr zu errichten.

a) Man mißt von C aus auf AB nach beiden Seiten die gleichen Strecken CD und CE ab, legt eine Meßkette mit den Enden in D und E fest und spannt sie in ihrer Mitte F an (M, § 80, 2);

b) Man nimmt an der einen Seite von C auf AB einen Punkt D an, legt die Meßkette mit den Enden in C und D fest, spannt sie in ihrer Mitte E an und legt alsdann EC als Verlängerung in die Richtung von DE (M, § 82,7).

c) Mit einem Gerät zum Messen rechter Winkel (R, § 20, bzw. bei der Rechtwinkelschnur § 114; bei Winkelspiegel und Winkelprisma kommen außerdem optische Gesetze in Betracht).

7. Von einem Punkt C auf eine Gerade AB das Lot zu fällen.

a) Man sucht auf AB mittels der Meßkette zwei Punkte D und E, die gleich weit von C entfernt sind, und halbiert DE (M, § 80,3).

b) Man nimmt auf AB einen Punkt D an, halbiert CD in E und sucht auf AB den Punkt F, dessen Abstand von E gleich DE ist (M, § 82,6).

c) Mit einem Gerät zum Messen rechter Winkel (R, s. 6 c).

8. Durch einen Punkt C zu einer Geraden AB die Parallele zu ziehen.

a) Man nimmt auf AB zwei Punkte D und E an, halbiert CE in F und verlängert DF um sich selbst bis G (M, § 49 oder 64).

b) Man nimmt auf AB zwei Punkte D und E an, verlängert DC um sich selbst bis F und halbiert FE in G (M, § 89).

c) Man fällt von C das Lot CD auf AB und errichtet in C auf CD die Senkrechte (M oder R, § 31,1).

d) Man fällt von C das Lot CD auf AB und errichtet auf AB in einem Punkte E ein gleich langes Lot EF (M oder R, § 85).

e) Mit Hilfe von Gegen- oder Wechselwinkeln (W, § 28, s. 9 u. 10).

9. Den Winkel zwischen zwei Geraden zu messen.

a) Man trägt auf den Schenkeln vom Scheitel A aus gleiche Strecken AB und AC von bestimmter Länge ab und mißt BC. Bestimmung des Winkels durch Messung auf einem in verkleinertem Maßstab gezeichneten Plan (M, § 135 oder wenigstens § 79,3 *)) oder mittels trigonometrischer Rechnung.

b) Mittels eines Winkelmeßwerkzeugs (W, § 19).

10. An eine Gerade AB in einem ihrer Punkte C einen gegebenen Winkel anzutragen.

Durch Festlegung der Richtung mittels eines Winkelmeßwerkzeugs und Einweisung eines Punktes in dieser Richtung (W, § 19).

C. Schwierigere Messung einer Strecke (AB).

11. A und B durch ein Hindernis getrennt, aber beide zugänglich.

a) Man legt einen Punkt C seitwärts fest, verlängert AC und BC um sich selbst bis D und E und mißt DE. (M, § 49 oder 64).

*) Je nachdem man die Ähnlichkeitslehre voraussetzen will oder nicht.

b) Man legt einen Punkt *C* seitwärts fest, halbiert *CA* in *D* und *CB* in *E* und mißt *DE* (*M*, § 89).

c) Falls *A* und *B* gegenseitig sichtbar: Man errichtet auf *AB* in *A* und *B* gleich lange Lote *AC* und *BD* und mißt *CD* (*M* oder *R*, § 87). Die Lote können auch in anderen Punkten auf *AB* errichtet werden.

d) Man legt an *AB* in *B* unter einem rechten (oder beliebigen) Winkel eine Strecke *BC* an und mißt *BC* und $\sphericalangle$ *BCA*. Bestimmung der Länge von *AB* durch Messung auf einem in verkleinertem Maßstab gezeichneten Plan (*M* oder *W*, § 134 oder wenigstens § 79) oder trigonometrisch (vgl. oben II § 2, 14 und § 3, 4 und 6). Wählt man *C* so, daß (bei $\sphericalangle ABC = R$) $\sphericalangle BCA = 45^\circ$ ist, so bedarf es keiner weiteren Zeichnung oder Rechnung.

e) Von einem Punkt *C* aus mißt man *CA*, *CB* und $\sphericalangle$ *ACB*. Bestimmung der Länge von *AB* entsprechend d.

12. *A* und *B* durch ein Hindernis getrennt, gegenseitig sichtbar, aber *B* unzugänglich.

a) Man legt einen Punkt *C* in der Verlängerung von *BA* fest und einen Punkt *D* seitwärts von *AB*. Dann verlängert man *CD* und *AD* um sich selbst bis *E* und *F* und bestimmt auf *EF* den Punkt *G* in der Verlängerung von *BD* (*M*, § 50 oder 65). Bei nicht genügendem Raum können auch *CD* und *AD* statt verlängert halbiert werden (*M*, § 90.)

b) Entsprechend 11 d.

c) Man bestimmt *C* und *D* wie bei a), zieht durch *C* die Parallele zu *AD* und bestimmt auf ihr den Punkt *E* in der Verlängerung von *BD*. Alsdann kann *AB* aus *AC*, *AD* und *CE* berechnet werden (*M* oder *R* oder *W*, § 123).

d) Man errichtet auf *AB* in *A* das Lot und mißt darauf eine Strecke *AC* ab; alsdann errichtet man in *C* das Lot auf *CB* und stellt den Schnittpunkt *D* mit der Verlängerung von *BA* fest. Aus *AC* und *AD* kann *AB* berechnet werden (*M* oder *R*, § 143).

13. *A* und *B* durch ein Hindernis getrennt, beide unzugänglich, aber gegenseitig sichtbar.

Man legt in der Richtung *AB* zwei Punkte *C* und *D* (nach verschiedenen Seiten oder auf derselben Seite) fest und seitwärts von *AB* einen Punkt *E*, verlängert *CE* und *DE* um sich selbst bis *F* und *G* und bestimmt auf *FG* die Punkte *H* und *J* in der Verlängerung von *AE* und *BE* (*M*, § 50 oder 65). Bei nicht genügendem Raum können auch *CE* und *DE* statt verlängert halbiert werden (*M*, § 90).

14. *A* und *B* durch ein Hindernis getrennt, beide unzugänglich und gegenseitig unsichtbar.

Man legt seitwärts eine Standlinie *CD* an, mißt sie und die Winkel *DCA*, *CDA*, *DCB* und *CDB* (*W*, vgl. oben II § 3, 8).

D. Planzeichnungen von wagerechten Linien und Flächen und Ausmessung von Flächenstücken.

15. Den Plan einer gebrochenen Linie (eines Streckenzuges) aufzunehmen.

Man mißt die einzelnen Strecken und die von ihnen gebildeten Winkel und zeichnet danach den Streckenzug in verkleinertem Maßstab.

16. Den Plan einer krummen Linie (z. B. eines Bachlaufes) aufzunehmen.

Man teilt die Linie in einzelne Stücke ein, die man nahezu als Strecken ansehen kann, steckt seitwärts eine Gerade als Standlinie ab, auf die man von den Teilpunkten Lote fällt, und mißt die Längen der Lote sowie die aufeinanderfolgenden Abstände ihrer Fußpunkte. Statt einer Geraden kann man unter Umständen zweckmäßiger eine gebrochene Linie verwenden.

17. Den Plan eines Vielecks aufzunehmen.

a) Mittels einer Standlinie wie in 16 (Koordinatenmethode). Als solche kann auch eine Diagonale gewählt werden.
b) Man mißt die Entfernungen eines im Innern (oder auch außerhalb) gelegenen Punktes von den Ecken und die Winkel zwischen diesen Richtungen (Polarmethode).
c) Man zerlegt das Vieleck durch passende Diagonalen in Dreiecke und schreitet von Dreieck zu Dreieck fort (Dreiecksmethode).
d) Man verfährt wie in 15 (Umfangsmethode).
e) Man mißt an den Endpunkten einer festen Standlinie die Winkel zwischen der Richtung der Standlinie und den Richtungen nach den Ecken (Einschneidemethode, vgl. auch 13).

18. Den Flächeninhalt eines Vielecks zu bestimmen.

a) Bei der Koordinatenmethode durch Bestimmung des Flächeninhalts der entstandenen Dreiecke und Trapeze.
b) Bei der Dreiecksmethode durch Messung von Grundlinie und Höhe der einzelnen Dreiecke.

19. Den Plan eines Geländes unmittelbar aufzunehmen.

Meßtischverfahren (näheres in der Oberstufe).

E. Messungen in lotrechten Ebenen.

20. Die wagerechte Projektion einer geneigten Strecke zu bestimmen.

Man legt vom obersten Punkt der Strecke eine Meßlatte mittels einer Setzwage oder Libelle wagerecht (als einen Teil der gesuchten Projektion), fällt vom Ende der Latte mittels eines Senkels das Lot auf die Strecke selbst und setzt dasselbe Verfahren vom Fußpunkt dieses Lotes aus fort. Die Summe der wagerechten Strecken ergibt die gesuchte Projektion. Die Summe der Lote ergibt zugleich den Höhenunterschied. Aus beiden läßt sich die Neigung der Strecke trigonometrisch berechnen (Staffelverfahren, vgl. oben II § 1, 9).

21. Den Höhenunterschied zweier Punkte *A* und *B* zu bestimmen. Man stellt in *A* und *B* Nivellierlatten senkrecht auf und ungefähr in der Mitte zwischen ihnen eine Kanalwage, mit der man gleich hoch gelegene Punkte auf den Latten bestimmt. Aus dem Höhenunterschied und der Länge von *AB* läßt sich der Neigungswinkel und die wagerechte Projektion von *AB* trigonometrisch berechnen (Nivellieren, vgl. oben II § 1, 9).

22. Die Höhe eines auf wagerechter Ebene stehenden Gegenstandes *AB* zu bestimmen, dessen Fuß *A* zugänglich ist.

a) Man mißt die Schattenlänge und vergleicht sie mit der Länge des Schattens, den ein senkrecht stehender Stab von bekannter Länge wirft (vgl. auch oben II § 2, 12).

b) Eine rohe Messung kann mit Hilfe eines rechtwinklig-gleichschenkligen Dreiecks ausgeführt werden, das man mit der einen Kathete auf *AB* richtet, während die andere mittels eines Senkels senkrecht gestellt wird. Der Beobachter muß alsdann soweit zurück oder vorwärts gehen, bis die Hypotenuse auf *B* weist.

c) Man stellt einen Stab senkrecht so auf, daß sein oberes Ende *D* mit *B* in derselben Richtung erscheint, und bestimmt außerdem den Punkt *E* des Stabes, der mit dem Auge *C* in einer Höhe liegt. Aus *DE*, *CE*, der Entfernung des Punktes *C* von *AB* und der Augenhöhe läßt sich alsdann *AB* berechnen.

d) Vom Auge *C* aus mißt man die Entfernung von *AB*, den Erhebungswinkel von *B* und die Augenhöhe und berechnet *AB* trigonometrisch.

23. Die Höhe eines auf wagerechter Ebene stehenden Gegenstandes *AB* zu bestimmen, dessen Fuß *A* nicht zugänglich ist. Vgl. oben II § 3, 9.

24. Die Höhe eines auf geneigter Ebene stehenden Gegenstandes zu bestimmen. Vgl. oben II § 3, 10.

25. Eine wagerechte Strecke von einem Punkt aus zu messen, dessen Höhe bekannt ist. Vgl. oben II § 2, 15, 16 und § 3, 11.

Jahr	Bevölkerung des Deutschen Reichs in 1000	Auswanderung: von Deutschen überhaupt in 1000	Auswanderung: von Deutschen überhaupt in ‰ der Bevölk.	Auswanderung über deutsche Häfen von Deutschen in 1000	Auswanderung über deutsche Häfen von Fremden in 1000	Auswärtiger Handel: Einfuhr in Mill. Tonnen	Auswärtiger Handel: Ausfuhr in Mill. Tonnen	Auswärtiger Handel: Einfuhr in Mill. Mark	Auswärtiger Handel: Ausfuhr in Mill. Mark
a	b	c	d	e	f	g	h	i	k
1872	41 230	128,2	3,11	124,5	30,3	14,4	11,0	3 465	2 492
1873	41 564	110,4	2,66	100,0	32,4	16,4	10,9	4 255	2 465
1874	42 004	47,7	1,13	43,5	32,1	16,2	11,3	3 671	2 460
1875	42 518	32,3	0,76	28,7	27,9	16,2	12,8	3 573	2 561
1876	43 059	29,6	0,69	23,9	26,7	17,6	13,9	3 912	2 605
1877	43 610	22,9	0,53	20,1	21,7	18,4	14,8	3 872	2 827
1878	44 129	25,6	0,58	23,2	23,1	17,4	16,2	3 716	2 915
1879	44 641	35,9	0,80	29,2	22,5	17,7	16,4	3 888	2 821
1880	45 095	117,1	2,60	95,0	54,8	17,1	18,8	2 844	2 977
1881	45 428	220,9	4,86	184,4	63,0	17,8	19,3	2 990	3 094
1882	45 719	203,6	4,45	169,2	62,5	18,9	20,4	3 135	3 280
1883	46 016	173,6	3,77	144,0	57,4	20,0	22,6	3 249	3 324
1884	46 336	149,1	3,22	126,5	69,0	20,6	22,1	3 261	3 256
1885	46 707	110,1	2,36	88,9	66,2	20,5	21,6	2 975	2 912
1886	47 134	83,2	1,77	66,6	99,8	19,8	21,5	2 941	3 042
1887	47 630	104,8	2,20	79,5	93,0	22,3	22,3	3 186	3 193
1888	48 168	104,0	2,16	80,7	106,4	25,6	23,8	3 429	3 356
1889	48 717	96,1	1,97	74,1	106,8	30,0	21,4	4 087	3 256
1890	49 241	97,1	1,97	74,8	168,5	31,7	22,4	4 273	3 410
1891	49 762	120,1	2,41	93,1	196,1	32,7	23,3	4 403	3 340
1892	50 266	116,3	2,31	90,2	151,4	32,2	22,7	4 227	3 150
1893	50 757	87,7	1,73	71,0	98,3	33,2	24,3	4 134	3 245
1894	51 339	41,0	0,80	33,6	52,8	35,2	25,9	4 286	3 052
1895	52 001	37,5	0,72	29,2	95,1	35,7	27,0	4 246	3 424
1896	52 753	33,8	0,64	25,8	95,8	39,9	29,2	4 558	3 754
1897	53 569	24,6	0,46	18,8	64,4	43,6	31,3	4 865	3 786
1898	54 406	22,2	0,41	17,2	83,8	45,9	33,4	5 440	4 011
1899	55 248	24,3	0,44	19,8	130,6	48,3	33,7	5 784	4 368
1900	56 046	22,3	0,40	16,7	160,1	49,5	36,3	6 043	4 753
1901	56 874	22,1	0,39	16,5	166,6	47,8	35,8	5 710	4 513
1902	57 767	32,1	0,56	23,5	221,4	46,6	38,5	5 806	4 813
1903	58 629	36,3	0,62	27,6	268,2	51,3	42,2	6 321	5 130
1904	59 475	28,0	0,47	22,0	219,1	52,5	42,4	6 855	5 316
1905	60 314	28,1	0,47	22,0	284,8	58,4	44,4	7 436	5 842
1906	61 153	31,1	0,50	25,5	326,0	63,9	49,0	8 685	6 870
1907	62 013	31,7	0,51	26,4	363,6	72,5	51,1	9 571	7 442
1908	62 863	19,9	0,32	16,7	106,5	66,4	52,1	8 306	7 019
1909	63 717	24,9	0,39	18,3	239,6	69,2	54,8	9 139	7 175
1910	64 568	25,5	0,39	21,4	254,6	70,7	60,5	9 535	8 080
1911	65 359	22,7	0,35	18,7	183,2	75,6	66,6	10 380	8 774
1912	66 146	18,5	0,28	13,7	290,4	79,2	73,5	11 572	9 684
1913	66 978	25,8	0,39	18,4	413,9	81,4	82,2	11 655	10 892

Am 1. Jan. der Jahre	Entwicklung der deutschen Handelsschiffahrt zur See									
	Segel- u. Schleppschiffe			Dampfschiffe			Seeschiffe überhaupt			
	Zahl	Netto-Raumgehalt in 1000 Registertons	Besatzung	Zahl	Netto-Raumgehalt in 1000 Registertons	Besatzung	Zahl	Netto-Raumgehalt in 1000 Registertons	Besatzung
l	m	n	o	p	q	r	s	t	u
1872	4354	892	34 273	175	97	5 636	4529	989	39 909
1873	4311	870	33 618	216	130	6 621	4527	999	40 239
1874	4242	866	33 103	253	168	8 293	4495	1034	41 396
1875	4303	878	33 085	299	190	9 339	4602	1068	42 424
1876	4426	901	33 215	319	184	9 147	4745	1085	42 362
1877	4491	923	33 255	318	181	8 589	4809	1104	41 844
1878	4469	935	32 659	336	183	8 173	4805	1118	40 832
1879	4453	949	32 362	351	180	7 616	4804	1129	39 978
1880	4403	975	32 158	374	196	8 131	4777	1171	40 289
1881	4246	966	31 003	414	216	8 657	4660	1182	39 660
1882	4051	943	29 593	458	252	9 516	4509	1194	39 109
1883	3855	915	28 094	515	311	10 937	4370	1227	39 031
1884	3712	895	26 937	603	375	12 678	4315	1269	39 615
1885	3607	880	26 014	650	414	13 897	4257	1294	39 911
1886	3471	862	24 925	664	421	14 006	4135	1282	38 931
1887	3327	831	23 566	694	454	15 455	4021	1285	39 021
1888	3094	770	21 220	717	470	15 856	3811	1240	37 076
1889	2885	731	19 574	750	503	16 684	3635	1234	36 258
1890	2779	703	18 438	815	618	19 419	3594	1321	37 857
1891	2757	710	18 132	896	724	22 317	3653	1433	40 449
1892	2698	704	17 390	941	765	23 509	3639	1469	40 899
1893	2742	725	17 522	986	786	24 113	3728	1512	41 635
1894	2713	698	16 738	1016	824	24 649	3729	1522	41 387
1895	2622	661	15 785	1043	893	25 199	3665	1554	40 984
1896	2534	622	14 858	1068	880	25 139	3592	1502	39 997
1897	2552	598	14 629	1126	890	26 176	3678	1488	40 805
1898	2522	586	14 162	1171	970	28 266	3693	1555	42 428
1899	2490	601	14 035	1223	1038	29 111	3713	1640	43 146
1900	2466	588	13 845	1293	1150	31 027	3759	1738	44 872
1901	2493	594	13 695	1390	1348	36 861	3883	1942	50 556
1902	2496	587	13 535	1463	1506	40 411	3959	2093	53 946
1903	2500	581	13 457	1545	1622	42 984	4045	2204	56 441
1904	2534	582	13 654	1622	1740	46 046	4156	2322	59 700
1905	2567	579	13 869	1657	1774	46 747	4224	2353	60 616
1906	2558	554	13 734	1762	1915	50 303	4320	2469	64 037
1907	2597	532	13 795	1833	2097	53 741	4430	2629	67 536
1908	2649	534	13 858	1922	2257	57 995	4571	2790	71 853
1909	2685	522	13 959	1953	2303	58 451	4638	2825	72 450
1910	2708	510	14 095	1950	2350	59 421	4658	2859	73 516
1911	2702	507	14 049	1973	2397	59 944	4675	2904	73 993
1912	2723	510	14 160	2009	2514	60 970	4732	3024	75 130
1913	2752	498	14 033	2098	2655	63 713	4850	3154	77 746
1914	2765	488	13 674	2170	2833	70 224	4935	3320	83 898

Jahr	Ernteflächen		Ernteertrag		Überschuß der Einfuhr über die Ausfuhr		Durchschnittliche Großhandelspreise	
	Roggen	Weizen	Roggen	Weizen	Roggen	Weizen	Roggen	Weizen
	in 1000 ha		in 1000 t		in 1000 t		in ℳ für 1000 kg	
a	b	c	d	e	f	g	h	i
1893	6012	2044	8 942	3405	224	703	139,2	162,6
1894	6045	1980	8 343	3336	604	1075	120,3	143,7
1895	5894	1931	7 725	3172	929	1268	124,9	151,0
1896	5982	1927	8 534	3420	992	1577	127,6	163,0
1897	5967	1921	8 171	3263	750	1008	136,1	180,2
1898	5945	1969	9 032	3608	784	1343	154,9	196,0
1899	5871	2016	8 676	3847	438	1173	152,1	166,1
1900	5955	2049	8 551	3841	817	999	146,2	162,7
1901	5812	1581	8 163	2499	772	2041	145,0	172,4
1902	6155	1912	9 494	3900	871	1992	146,5	170,7
1903	6013	1807	9 904	3555	605	1740	137,4	166,3
1904	6099	1918	10 061	3805	116	1862	135,9	179,5
1905	6146	1927	9 607	3700	252	2123	149,5	179,8
1906	6102	1936	9 626	3940	406	1808	164,5	184,2
1907	6043	1747	9 758	3479	375	2359	193,0	213,1
1908	6120	1885	10 737	3768	−239	1829	186,8	213,2
1909	6131	1831	11 348	3756	−376	2223	174,6	235,9
1910	6187	1943	10 511	3861	−430	2062	155,1	212,4
1911	6136	1974	10 866	4066	−154	2178	172,9	244,0
1912	6268	1926	11 598	4361	−482	1975	177,4	218,8
1913	6414	1974	12 222	4656	−582	2008	167,5	202,3
1914	6299	1996	10 427	3972			183,0	218,0
1915	6411	2003	9 152	3856				
1916	5999	1683	8 937	3086				
1917	5550	1518	7 003	2285				
1918	5747	1435	8 009	2458				

Jahre 5 jähr. Durchschnitt	Steinkohlen				Roheisen				Baumwolle	Kaffee	Reis	Tee
	Gewinnung	Einfuhr	Ausfuhr	Berechneter Verbrauch	Gewinnung	Einfuhr	Ausfuhr	Berechneter Verbrauch	Jährlicher Verbrauch			
	in Millionen Tonnen				in Millionen Tonnen				in 1000 Tonnen			
a	b	c	d	e	f	g	h	i	k	l	m	n
76-80	40,9	2,0	5,9	37,0	2,1	0,5	0,4	2,2	124,5	101,4	72,3	1,4
81-85	54,5	2,2	8,3	48,3	3,4	0,4	0,3	3,5	152,3	110,9	82,6	1,6
86-90	64,3	3,4	9,0	58,7	4,2	0,3	0,2	4,3	201,0	114,3	84,4	1,9
91-95	75,0	4,8	9,7	70,1	5,0	0,3	0,2	5,1	252,4	122,9	127,0	2,6
96-00	96,8	6,2	13,4	89,6	7,4	0,6	0,2	7,8	302,3	146,9	130,4	2,8
01-05	115,0	7,2	17,0	105,2	9,4	0,2	0,4	9,2	361,7	176,2	137,0	3,0
06-10	145,9	11,6	21,7	135,8	12,8	0,4	0,6	12,7	419,8	189,2	163,2	4,0

Jahr 1906	Mittlere Lufttemperatur in Celsiusgraden.													
	Höhe	Jan.	Febr.	März	April	Mai	Juni	Juli	Aug.	Sept.	Okt.	Nov.	Dez.	Jahr
Aachen	20[illegible],0	3,5	2,0	3,6	8,3	12,9	14,5	17,4	17,5	13,5	12,3	7,2	−0,3	9,4
Borkum	10,4	2,9	2,6	3,6	7,3	12,1	13,5	16,6	17,2	15,6	11,6	8,4	1,4	9,4
Breslau	118,0	0,7	1,5	3,1	10,5	15,1	16,2	19,5	17,5	13,4	9,4	7,3	−2,8	9,3
Cassel	202,0	1,8	1,3	2,8	8,7	13,5	15,2	17,1	16,5	12,8	10,8	6,8	−1,6	8,8
München	526,4	0,2	−0,6	2,7	8,4	13,2	14,7	18,0	17,7	12,3	10,7	5,5	−2,3	8,4
im Durchschnitt von 37 Stationen	1906	1,3	1,0	2,8	8,7	13,9	15,4	18,0	17,2	13,3	10,0	6,8	−1,7	8,9
	1905	−1,6	1,7	4,8	6,4	12,7	17,8	19,2	17,3	13,5	5,4	3,8	1,5	8,5
	1904	−0,9	1,4	3,0	9,0	12,5	15,7	19,0	17,1	12,8	8,8	3,8	2,7	8,7
	1903	0,4	3,9	6,2	5,5	13,2	15,6	17,1	16,1	14,1	9,8	4,9	−0,3	8,9
	1902	0,9	−1,0	3,7	7,7	9,4	15,8	16,4	15,3	12,6	7,5	1,8	−1,9	7,4
	1901	−3,5	−3,5	2,5	8,4	13,4	16,4	19,3	17,3	13,9	9,8	3,5	1,4	8,2
	1900	0,6	1,2	1,1	7,0	11,3	16,6	19,1	17,2	14,3	9,2	5,1	3,1	8,8
	1899	2,5	2,3	3,0	7,8	11,8	15,1	18,3	17,2	13,3	8,3	6,8	−2,8	8,6
	1898	2,4	1,8	3,4	7,6	12,1	15,6	15,2	18,4	14,1	8,9	5,1	3,6	9,0
	1897	−2,7	1,0	5,3	7,8	11,7	17,6	17,4	18,0	13,1	7,9	3,1	1,4	8,5
	1896	−0,5	0,3	5,6	6,4	11,4	17,7	18,1	15,5	13,5	9,4	1,8	−0,3	8,3
	1895	−3,2	−5,9	1,7	8,9	13,0	16,5	18,1	17,3	15,5	7,8	5,0	0,1	7,9

Die griechischen Buchstaben.

A, *α* Alpha.	*I*, *ι* Jota.	*P*, *ϱ* Rho.
B, *β* Beta.	*K*, *ϰ* Kappa.	*Σ*, *σ* Sigma.
Γ, *γ* Gamma.	*Λ*, *λ* Lambda.	*T*, *τ* Tau.
Δ, *δ* Delta.	*M*, *μ* My.	*Υ*, *υ* Ypsilon.
E, *ε* Epsilon.	*N*, *ν* Ny.	*Φ*, *φ* Phi.
Z, *ζ* Zeta.	*Ξ*, *ξ* Xi.	*X*, *χ* Chi.
H, *η* Eta.	*O*, *ο* Omikron.	*Ψ*, *ψ* Psi.
Θ, *ϑ* Theta.	*Π*, *π* Pi.	*Ω*, *ω* Omega.

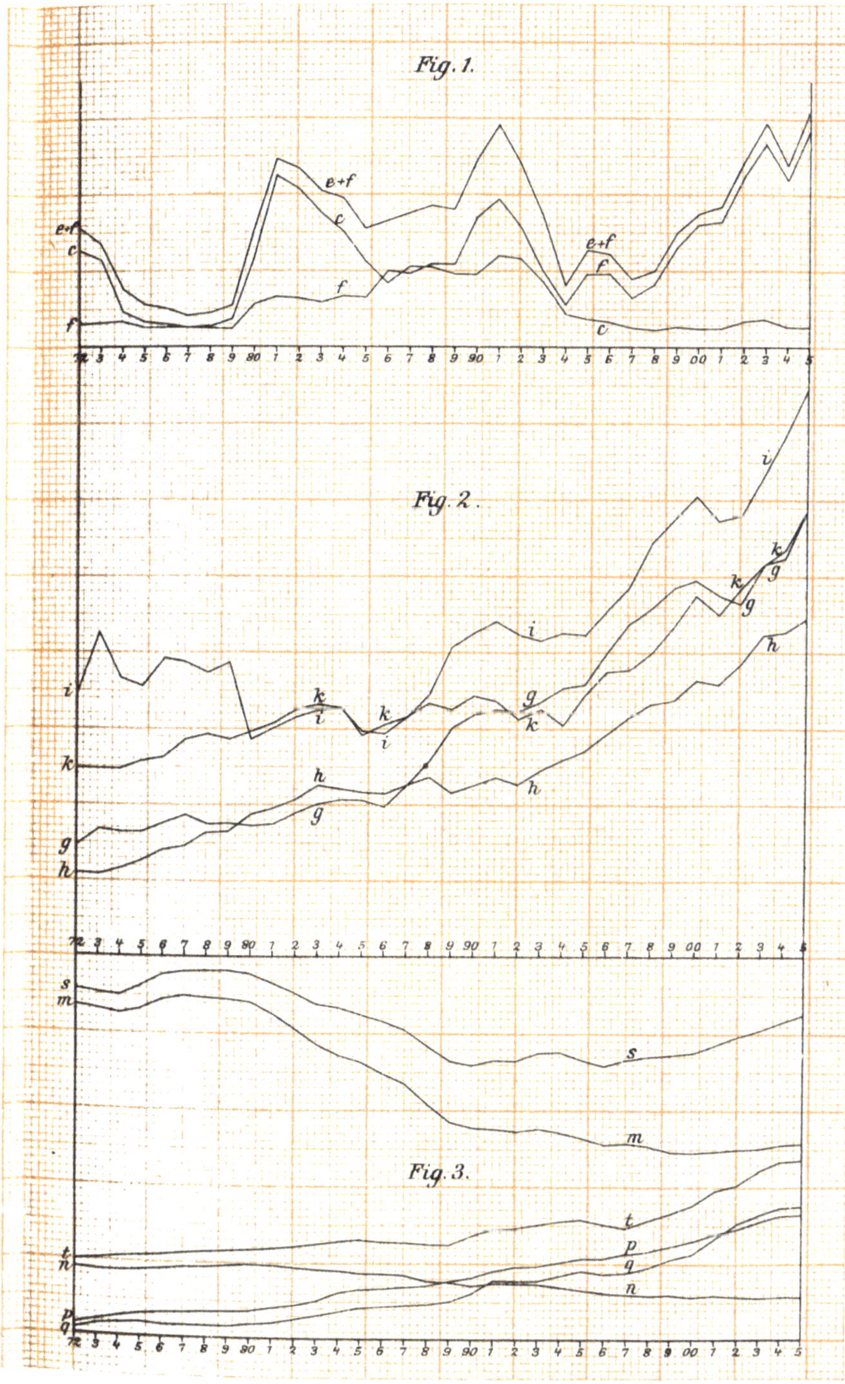
Fig. 1.
e+f
c
f
Fig. 2.
i
k
g
h
s
m
Fig. 3.
t
p
q
n

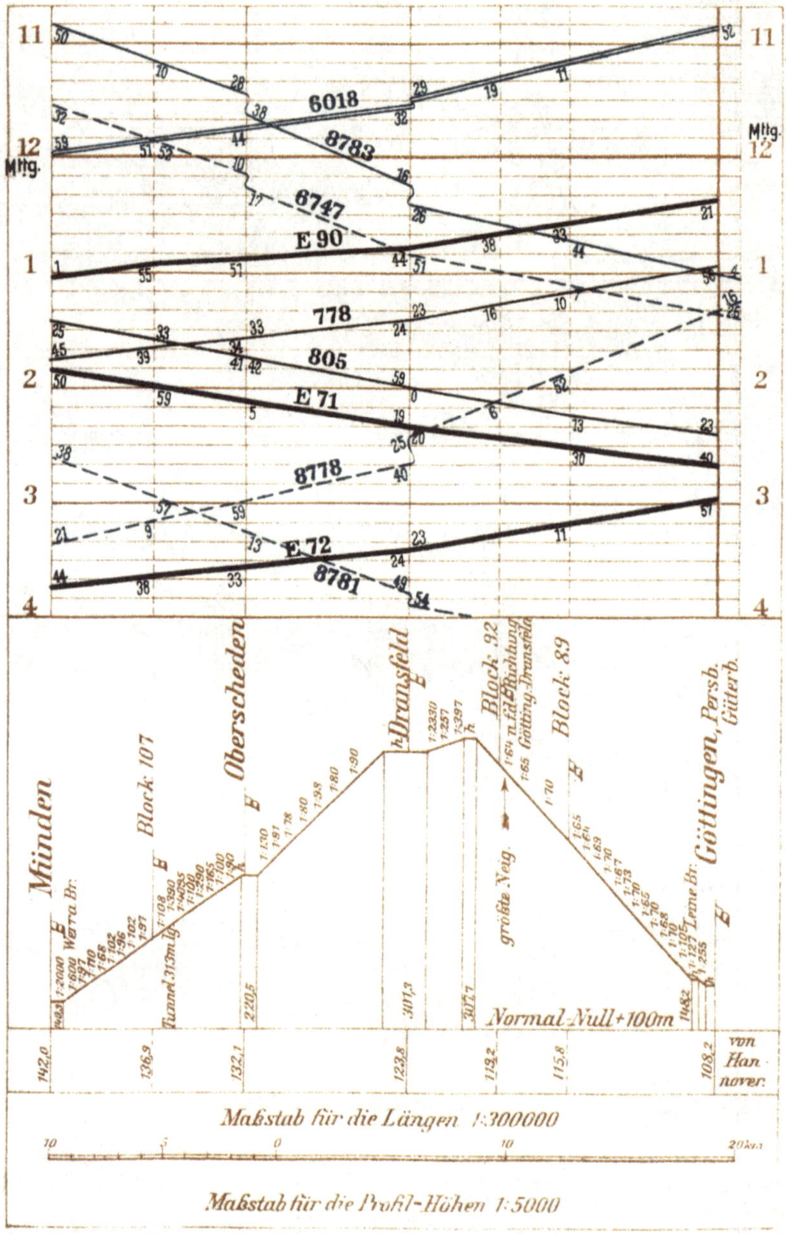

Ausschnitt aus dem graphischen Eisenbahnfahrplan der Strecke Münden-Cassel

FSC
www.fsc.org
MIX
Papier | Fördert gute Waldnutzung
FSC® C083411

Zeitfracht Medien GmbH
Ferdinand-Jühlke-Straße 7
99095 Erfurt, Deutschland
produktsicherheit@kolibri360.de